上海市中等职业教育“双证融通”专业改革教材

西餐烹饪原料加工

中华职业学校　组织编写

上海科技教育出版社

图书在版编目(CIP)数据

西餐烹饪原料加工 / 中华职业学校组织编写. —上海：上海科技教育出版社，2018.7

上海市中等职业教育“双证融通”专业改革教材

ISBN 978-7-5428-6721-6

Ⅰ. ①西… Ⅱ. ①中… Ⅲ. ①西式菜肴—烹饪—中等专业学校—教材 Ⅳ. ① TS972.118

中国版本图书馆 CIP 数据核字（2018）第 078874 号

责任编辑 王克平
装帧设计 杨　静

上海市中等职业教育“双证融通”专业改革教材

西餐烹饪原料加工

中华职业学校　组织编写

出版发行 上海科技教育出版社有限公司
（上海市柳州路 218 号　邮政编码 200235）
网　址 www.sste.com　www.ewen.co
经　销 各地新华书店
印　刷 上海景条印刷有限公司
开　本 787 × 1092　1/16
印　张 12.5
版　次 2018 年 7 月第 1 版
印　次 2018 年 7 月第 1 次印刷
书　号 ISBN 978-7-5428-6721-6/TS·37
定　价 60.00 元

《西餐烹饪原料加工》编委会

主　编： 黄玉璟

副主编： 薛计勇　黄 芸

编　委： 朱　莉　殷佳妮　王晶晶　陆文青　奚小英　汪楙若　林晨旭　朱颖海

顾　问： 赖声强

前言

西餐烹饪原料加工是中等职业学校西餐烹饪专业的一门专业必修课程，也是该专业西餐烹调方向的一门专业（技能）方向课程，更是西餐制作基础的后续课程，将为学生学习其他专业课程做好铺垫。根据上海市教委 2015 年 11 月印发《上海市中等职业学校西餐烹饪专业西餐烹饪原料加工教学标准》的要求，我们编写《西餐烹饪原料加工》这本专业教材，旨在通过教与学，让学生掌握常用西餐烹饪原料加工处理的知识和技能。

《西餐烹饪原料加工》教材共介绍蔬菜原料、畜肉原料、禽肉原料、水产原料等四大类四十多种（类）原料的选择和加工。在介绍每种（类）原料时，分为任务描述、原材料、加工步骤、技能实训、任务总结等环节，对原材选择、加工处理等关键内容提示清晰而周全，还穿插了知识拓展和文化故事等。

中职学生自我意识较强，思维活跃，喜爱新颖、活泼的内容，但学习自控力相对不足，需要一定的外因来激发学习动机。本教材的编写基于中职学生的特点，致力于激发学生兴趣，让学生走出课堂，尝试运用知识、动手操作，并取得认可，变被动学习为主动学习。

教材编写打破传统的模式，采用任务驱动方式，致力于引导学生在学习中探索。在编排上，摒弃传统的“单元——课”的结构，采用了“项目——任务”的编排方式。四大类原料被分为九个模块，每个模块下又分为若干任务，每个任务都让学生按照操作步骤学习一种（类）原料的选择和加工，并完成质量对比表，分析得失原因，使学生在学习时更具主动性和使命感。

相比于传统教材，本教材各部分的学习过程都层层引导，步步深入，注重学生的学习体验，注重启发学生的思考、探索，注重培养学生自我探究学习的能力，注重贴近生活实际，同时鼓励学生走出课堂学习知识，拓宽吸收知识的渠道。

本教材的编写得到上海市教委和上海市职业鉴定中心领导的全力支持帮助，也得到众多行业和课程专家的悉心指导，西餐烹饪专业的多位骨干教师更是为此付出了辛勤的劳动。限于编写时间和知识水平，教材必会存在许多不足，敬请批评指正。

目录

项目一　蔬菜原料的处理

项目一

蔬菜原料的处理

导学

西餐中蔬菜的种类很多，其原料加工的方法各不相同。蔬菜原料的基本类型包括叶菜类蔬菜、根茎类蔬菜、瓜果类蔬菜、花菜类蔬菜和豆类蔬菜。

叶菜类蔬菜是指以脆嫩的茎叶为可食用部分的蔬菜。西餐常用的叶菜类蔬菜主要有芹菜、卷心菜、菠菜、生菜、荷兰芹等。

根茎类蔬菜是指以脆嫩的根茎为可食用部分的蔬菜。西餐常用的根茎类蔬菜主要有土豆、胡萝卜、莴苣、洋葱、紫菜头、辣根等。

瓜果类蔬菜是指以果实为可食用部分的蔬菜。常见的瓜果类蔬菜主要有黄瓜、节瓜、番茄、茄子、青椒、甜椒等。

花菜类蔬菜是以花为可食用部分的蔬菜。西餐常用的花菜类蔬菜主要有花椰菜、西兰花等。

豆类蔬菜是指以豆和豆荚为可食用部分的蔬菜。西餐常见的豆类蔬菜主要有四季豆、白扁豆、荷兰豆、豌豆等。

模块一　蔬菜原料的初加工

学习目标

1. 能熟知蔬菜原料的选择方法。
2. 学会对原料进行摘剔、撕拆、剪修、刮削等整理工作。
3. 能根据具体情况适当选择冷水、热水、盐水、高锰酸钾溶液来洗涤蔬菜。
4. 能防止根茎类蔬菜在加工后氧化变色。

蔬菜原料加工的一般原则是：去除不可食用部分，如纤维粗硬的皮叶及腐烂变质部分；清洗污垢，如泥土、虫卵等；保护可食用部分不受损失。

以下分门别类介绍各种蔬菜原料的初加工方法。

任务 1 叶菜类蔬菜的初加工

一 任务描述

叶菜类蔬菜的初步加工主要是摘剔和洗涤。其中摘剔主要是摘除不能食用的部分。新鲜蔬菜的洗涤，一般用冷水洗净即可，也可根据需要用盐水或高锰酸钾溶液洗涤。

叶菜类蔬菜质地脆嫩，操作中应避免碰损蔬菜组织，防止水分及其他营养素的损失，保证蔬菜质量。

二 原材料

从菜市场购买的未加工的芹菜（celery）。见图 1-1-1。

图 1-1-1 未加工的芹菜

原料知识

芹菜，别名芹、旱芹、香芹、蒲芹、药芹菜、野芫荽，在世界各国普遍栽培。

芹菜经培育形成大而多汁的肉质直立叶柄和叶。其食用部分为叶柄。芹菜的特点是多筋，但现在已培育出少筋的变种。

在西餐中，芹菜通常作为蔬菜煮食或作为汤料及蔬菜炖肉等的佐料；生芹菜常用来做开胃菜或色拉。

三 加工步骤

步骤一：选择整理

采用摘、剥的方法去除芹菜的黄叶、老根、外帮、泥土及腐烂变质的部分。见图 1–1–2（a）。

步骤二：洗净

用冷水洗涤，以去除芹菜未摘净的泥土、杂物等。洗后用手摸水底，感到无泥沙时，表明已洗净。夏秋季虫卵较多，可先用 2% 的盐水浸泡 5 分钟，使虫卵吸盐收缩，浮于水面，便于洗净。见图 1–1–2（b）。

（a）

（b）

图 1–1–2　加工芹菜

四 技能实训

按照操作步骤进行芹菜的初加工，并按照质量标准完成质量对比表（表 1–1–1），分析得失原因。

表 1–1–1　芹菜初加工质量对比表

序号	成品质量要求	质量对比	原因分析	分值	得分
1	整理：去除黄叶、老根、外帮、泥土及腐烂变质部分	□合适　□不够 □过度		50	
2	清洁：洗净，无泥沙、无虫卵	□清洁 □不洁		50	
合计				100	

五 问与答

哪些蔬菜需要用盐水洗涤？为什么？怎样洗涤？

解答：盐水洗涤主要用于夏秋之间上市的新鲜蔬菜，因为此时叶片或叶柄上的虫卵较多，单用清水难以洗掉。应将加工整理的蔬菜放入2%浓度的盐水中浸泡5分钟，使虫卵吸盐收缩、脱落，然后再用清水反复清洗干净。

哪些蔬菜需要用高锰酸钾溶液洗涤？为什么？怎样洗涤？

解答：高锰酸钾溶液洗涤主要用于供凉拌食用的蔬菜，如生菜、大白菜等，因为此种方法洗涤可将叶片上的细菌杀死，防止各种传染性疾病。具体方法是：将加工整理过的蔬菜放入0.3%的高锰酸钾溶液中浸泡5分钟，然后再用清水洗净。

芹菜的种类有哪几种？

芹菜分为：水芹、旱芹和西芹。

水芹主要产于中国南方，棵细瘦、淡绿色、香味淡。

旱芹的茎细长且空心，淡绿色，纤维较粗，香味浓郁。

西芹，原产自美国，较高大，棵宽厚且实心。西芹香味较淡，菜质脆嫩，适合与清淡的食材搭配，清爽解油腻。

任务 2　根茎类蔬菜的初加工

一　任务描述

根茎类蔬菜的外皮一般都比较厚，纤维粗硬，不宜食用。此类蔬菜的初加工方法较为简单，即去皮后用清水洗净。

必须注意，根茎类蔬菜大多含有一定量的鞣酸，鞣酸与空气直接接触容易氧化变色，所以在去皮后应立即放入水中浸泡，隔绝与空气的接触，以防变成锈斑色而影响食品的色泽。

二　原材料

从菜市场购买的未加工的土豆（potato）。见图 1-1-3。

图 1-1-3　未加工的土豆

原料知识

土豆是全球第四大重要的粮食作物，仅次于小麦、稻谷和玉米。土豆含有大量的淀粉，其蛋白质营养价值很高，相当于鸡蛋的蛋白质，容易消化、吸收。

吃土豆一定要去皮，有芽眼的部分应挖去，土豆皮中含有生物碱，大量食用会有恶心、腹泻等现象。土豆切开后容易氧化变黑，属正常现象，不会造成危害。

已经长芽的土豆禁止食用，如大量食用会引起急性中毒。

三 加工步骤

步骤一：去除外皮及芽眼

采用削、刨、刮等方法去除土豆的外皮和芽眼。见图 1-1-4（a）。

步骤二：洗涤与浸泡

及时洗涤去皮后的土豆，然后用冷水浸泡，以隔离空气，避免其褐变。见图 1-1-4（b）。

（a）

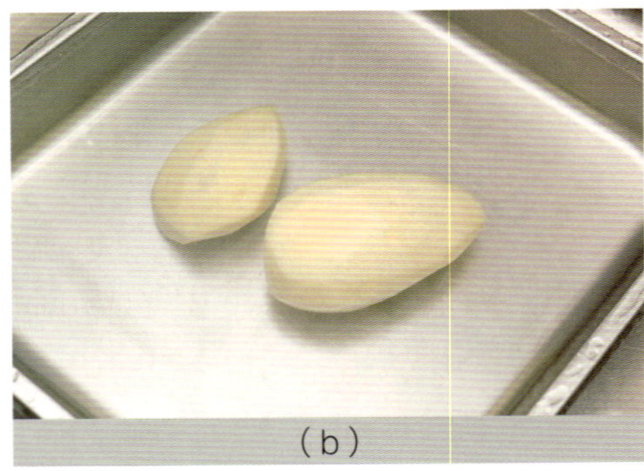
（b）

图 1-1-4　加工土豆

四 技能实训

按照操作步骤进行土豆的初加工，并按照质量标准完成质量对比表（表 1-1-2），分析得失原因。

表 1-1-2　土豆初加工质量对比表

序号	成品质量要求	质量对比	原因分析	分值	得分
1	整理：采用削、刨、刮等方法去除土豆的外皮和芽眼	□合适 □不够 □过度		50	
2	洗涤浸泡：及时洗涤去皮后的土豆，然后用冷水浸泡，以隔离空气，避免其褐变	□恰当 □不恰当		50	
合计				100	

五 问与答

根茎类蔬菜是什么意思？哪些蔬菜可以被称为根茎类蔬菜？怎样进行初加工？

解答：根茎类蔬菜是指以植物的根茎为食用部分的蔬菜。常用的有土豆、山药、莴苣、大葱、萝卜等。根茎类蔬菜的初步加工方法较为简单，去皮后用清水洗净即可。

根茎类蔬菜的初加工有没有需要特别注意的事项？是什么？为什么？

解答：有的。根茎类蔬菜去皮后应立即放入水中浸泡，隔离其与空气的接触，以防变色。

土豆的故事

土豆的生物学名称叫马铃薯，西方人称之为“植物之王”“太阳神赐予的金疙瘩”“天使与魔鬼的化身”（妖魔苹果）等，营养学家誉其为“十全十美”的食物和“第二面包”。现代营养学证明土豆有“三吸收”的作用：吸收水分，润滑肠道，避免得直肠癌、结肠癌；吸收脂肪、糖类，避免得糖尿病；吸收毒素，避免发生胃肠道疾病。美国农业部农业评价研究所认为，每天只吃全脂牛奶和马铃薯可以得到人体所需要的一切元素，此外马铃薯所含的热量低于谷物，是理想的减肥食物；出海远航，吃些马铃薯可预防坏血症。

和番茄一样，土豆也来自新大陆，原产地在南美洲中央安第斯山脉的奇奇卡卡湖附近。印第安人在公元 6 世纪左右开始栽培这种植物。当地土豆品种超过一百种。西班牙人进入新大陆以后，很快发现这种植物，1540 年，贝多罗•狄•谢沙将土豆带回西班牙，这是历史上土豆首次进入欧洲的记录。

土豆登陆欧洲之初，仅被西班牙人当作观赏植物，后经意大利传到法国与德国等地。英国人是 1586 年从中美洲直接引进土豆的。

早期西方人吃土豆并不削皮，而是整个煮食。整体而言，近代改良品种之前，土豆吃起来不仅没有甘甜的感觉，甚至有浓浓的土腥味，因此才没有被端上餐桌，仅被当作观赏植物。

不过土豆适宜贫瘠的土地种植，耐寒易储存，渐渐被部分欧洲农民当作越冬食物。刚好北欧与爱尔兰等地爆发严重饥荒，贫穷的农民才发现，土豆不仅是上等的牲畜饲料，还是荒年最佳的食物来源。

当时欧洲人讨厌土豆有几个原因：首先，土豆长相不佳。欧洲人的蔬菜无非是茎、叶或豆子，几乎没看到过地下茎肥大的植物。加上刀子割过的土豆会变黑，给人恶心的感觉。对于虔诚的天主教徒而言，土豆不曾在《圣经》里出现，因此被归类为“不净”的食物。

早期土豆在欧洲不受欢迎，缘于人们对它的偏见。1748 年法国出版的烹饪书籍《汤头学校》竟然说食用土豆可能会感染麻风病，建议政府禁止栽培。从16世纪中叶到18世纪末，土豆被欧洲人歧视、冷落了200多年。有些天主教徒还将土豆称为“恶魔果实”，即使肚子再饿也拒绝入口。

欧洲人后来之所以放弃对土豆的偏见与攻击，关键是连续发生的大饥荒。18世纪，欧洲发生西班牙王位继承战争（1701—1714）、奥地利王位继承战争（1740—1748）等国际大战，各国之间厮杀不断，政治社会制度混乱加上气候失调，致使18世纪中叶之后西欧和南欧陆续发生严重的大饥荒。

问题最早爆发的是德国。北方普鲁士地方连年歉收，哀鸿遍野，菲特烈二世的农业专家柯尔贝尔西注意到，被农民冷落的土豆有很高的栽培价值，便说服国王下令强迫民众种植和食用土豆，之后土豆渐渐成为德意志民族不可或缺甚至最为喜好的食品。

土豆在法国也有类似际遇。因为战争导致饥荒，法国政府于1772年授权布赞松科学院悬赏征求论文，主题是“可解决粮食不足、避免饥荒的食物”的研究。结果第一名论文的研究主题便是土豆。该论文作者安德瓦努·A·帕尔曼狄耶后来被法国人尊为“土豆之父”，他一再强调，土豆是唯一能解决法国饥荒的粮食，值得举国重视。该篇论文发表后不久，法国大革命爆发（1789—1799），全国陷入动荡，粮食生产失调，土豆终于派上用场，成为最佳救荒粮食。

就这样，土豆成为以面包（小麦）为主食的欧洲人粮荒时的救命仙丹。数百万人正是吃了土豆才免于饿死，土豆得以走出阴暗角落，堂堂正正登上餐桌。很快有人发明各种土豆的烹调方法，使之逐渐成为热门食物。

任务 3 瓜果类蔬菜的初加工

一 任务描述

瓜果类蔬菜需要先经过挑选整理，去除腐烂、压碎、变质等不可食用的部分，并酌情去皮或去籽，再用清水洗净。瓜果类蔬菜的初加工包括拣选、清洗、去皮、去核、切分等工序。

瓜果类蔬菜的清洗一般通过物理方法和化学方法进行，物理方法有浸泡、鼓风、摩擦、搅动、喷淋、刷洗、振动等；化学方法用清洗剂、表面活性剂等。通常清洗可以由几种方法组合起来使用。

生吃瓜果类的凉拌菜，可佐以葱、姜、蒜、醋等调料，既调味、杀菌，还有助于消化。

二 原材料

从菜市场购买的未加工的黄瓜（cucumber）。见图 1-1-5。

图 1-1-5 未加工的黄瓜

黄瓜也称胡瓜、青瓜。果实颜色呈油绿或翠绿，表面粗糙有柔软的小刺。

黄瓜味甘、凉、苦，无毒。入脾、胃、大肠。具有除热、利水利尿、清热解毒的功效，还有减肥的功效。黄瓜尾部含有较多的苦味素，苦味素有抗癌作用，所以加工时注意不要把黄瓜尾部全部去掉。

三 加工步骤

步骤一：去皮和去籽

黄瓜去蒂、去皮、去籽、切条。见图 1-1-6（a）。

步骤二：洗涤与浸泡

将切条的黄瓜用 0.3% 的氯亚明水或高锰酸钾溶液浸泡 5 分钟，再用清水冲净。见图 1-1-6（b）。

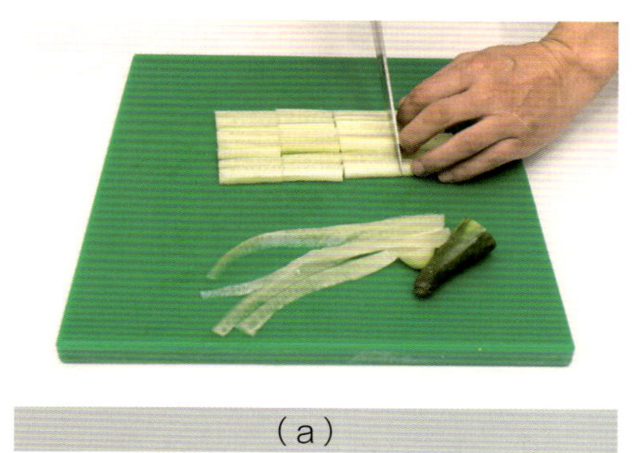

（a）

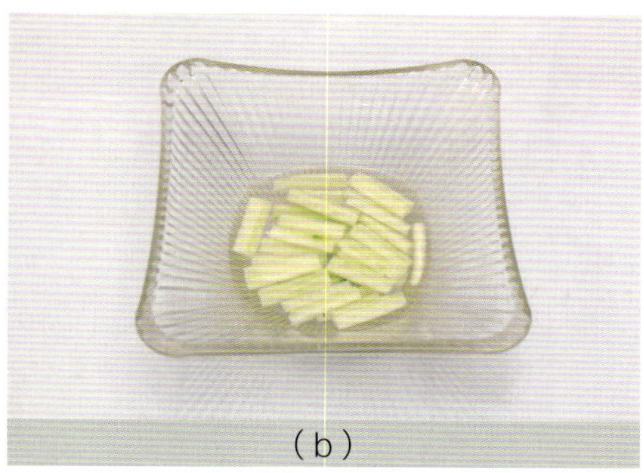

（b）

图 1-1-6　加工黄瓜

四 技能实训

按照操作步骤进行黄瓜的初加工，并按照质量标准完成质量对比表（表 1-1-3），分析得失原因。

表 1-1-3　黄瓜初加工质量对比表

序号	成品质量要求	质量对比	原因分析	分值	得分
1	整理：去蒂、去皮、去籽	□合适 □不够 □过度		50	

（续 表）

2	洗涤浸泡：将生食的黄瓜用0.3% 的氯亚明水或高锰酸钾溶液浸泡 5 分钟，再用清水冲净	□ 恰当 □ 不恰当		50	
合计				100	

五 问与答

瓜果类蔬菜的初加工有哪几道工序？

解答：瓜果类蔬菜的初加工包括拣选、清洗、去皮、去核、切分等工序。

生食瓜果类蔬菜，要怎样才算洗净？为什么？

解答：生食瓜果类蔬菜应使用氯亚明水、高锰酸钾液或沸水予以彻底洗净消毒，因为瓜果在生长过程中需要施肥、浇灌、打药，常会受到寄生虫卵、细菌、农药的污染。

黄瓜选购的五要点

（一）看老嫩：一般来说，带刺，挂白霜的黄瓜为新摘的鲜瓜；瓜鲜绿，有纵棱的是嫩瓜；瓜条大，头尖、脖细的畸形瓜是发育不良或存放时间较长而变老的瓜；黄色或近似黄色的瓜为老瓜。

（二）看瓜花：新鲜的黄瓜，瓜头都带有颜色鲜艳的黄色小花，而且花房最好大一点。

（三）看外形：新鲜的黄瓜大都细长、均匀，不会太粗；表面有许多细细的嫩刺，摸上去有扎手的感觉，而且小刺很容易碎断。

（四）看瓜蒂：新鲜的黄瓜都带有瓜蒂，且可以看到明显的水分。

（五）捏软硬：黄瓜的含水量很高，特别是新鲜的黄瓜，瓜条较硬，失水后会变软。需要注意瓜的脐部是否过硬，以防止黄瓜是浸水变硬的。

任务 4　花菜类蔬菜的初加工

一 任务描述

花菜类蔬菜品种不多，常见的有花椰菜、青花菜、紫菜薹、芥蓝、朝鲜蓟等。

花菜类蔬菜常有残留的农药，还容易生菜虫，所以初加工的第一步，是将其放在盐水里浸泡几分钟，让菜虫跑出来，同时有效去除残留农药。

花菜类蔬菜的质料挑选，以花球严密健壮，无异色、斑疤，无病虫害为准。

用刀修除菜叶时，应同时削除其外表少数霉点和异色部分。

盐水溶液浸泡的时长为 10 ~ 15 分钟，以驱净小虫为准。时间不宜过长，以免丧失和破坏其防癌抗癌的营养成分。

切分时，应先切大花球，再切小花球。茎部的切削要力求平整。

二 原材料

从菜市场购买的未加工的花椰菜（broccoli）。见图 1-1-7。

图 1-1-7　未加工的花椰菜

花椰菜，又称花菜、菜花或椰菜花，是一种十字花科蔬菜，为甘蓝的变种。

花椰菜的营养比一般蔬菜丰富。它含有蛋白质、脂肪、碳水化合物、食物纤维、维生素和钙、磷、铁等矿物质。花椰菜中还含有非常强的抗癌活性酶，可使细胞形成对抗外来致癌物侵蚀的膜，对防止多种癌症起到积极的作用。

花椰菜质地细嫩，味甘鲜美，食后极易被消化吸收，其嫩茎纤维烹炒后柔嫩可口。

三 加工步骤

步骤一：整理

去除花椰菜上的茎叶，削去花蕾上的疵点。见图 1–1–8（a）。

步骤二：洗涤与浸泡

用 2% 的盐水浸泡花椰菜，使其内部留有的菜虫或虫卵萎缩掉落水中，再用清水洗净。见图 1–1–8（b）。

步骤三：切分

先从茎部切下大花球，再切小花球，按制品标准仔细进行，勿损害别的小花球，茎部切削要平整。小花球直径 3 ~ 5 厘米，茎长在 2 厘米以内。见图 1–1–8（c）。

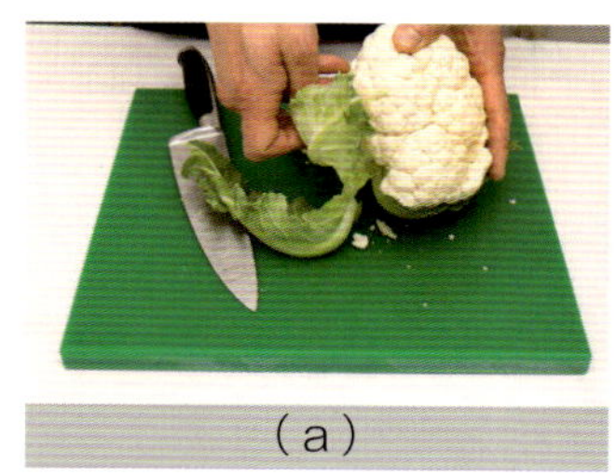
（a）

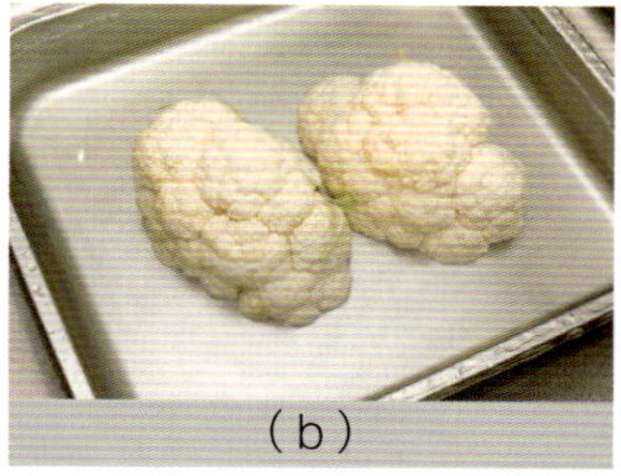
（b）

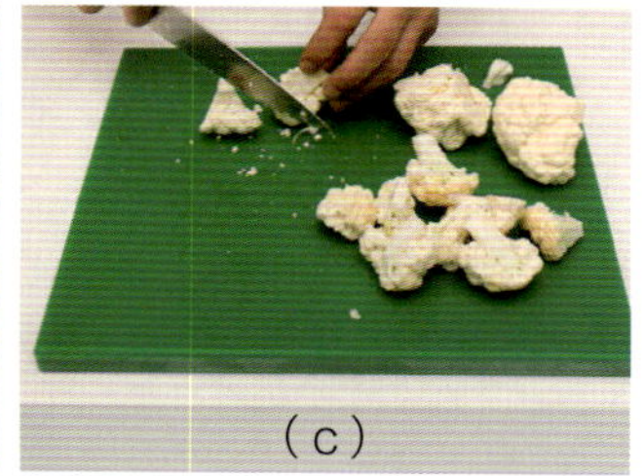
（c）

图 1–1–8　加工花椰菜

四 技能实训

按照操作步骤进行花椰菜的初加工，并按照质量标准完成质量对比表（表 1–1–4），分析得失原因。

表 1-1-4 花椰菜初加工质量对比表

序号	成品质量要求	质量对比	原因分析	分值	得分
1	整理：去除茎叶，削去花蕾上的疵点	□合适 □不够 □过度		35	
2	洗涤浸泡：用 2% 的盐水浸泡花椰菜，使其内部留有的菜虫或虫卵萎缩掉落水中，再用清水洗净	□恰当 □不恰当		35	
3	切分：先从茎部切下大花球，再切小花球。要求小花球直径 3 ~ 5 厘米，茎长在 2 厘米以内	□顺序、规格符合要求 □顺序、规格不符合要求		30	
合计				100	

五 问与答

为何清洗花菜类蔬菜需要用盐水浸泡？应浸泡多久，为什么？

解答：花菜类蔬菜常有残留的农药和菜虫，所以要将它放在盐水里浸泡几分钟，让菜虫跑出来，同时有效去除残留农药。盐水溶液浸泡的时长为 10 ~ 15 分钟，以驱净小虫为准。时间不宜过长，以免丧失和破坏其防癌抗癌的营养成分。

花椰菜的切分次序有讲究吗？

解答：有的。应先切大花球，再切小花球。茎部的切削要力求平整。

朝鲜蓟不是朝鲜的

朝鲜蓟（artichoke），别名菜蓟、法国百合、洋百合，与朝鲜无关。朝鲜蓟原产于北非和地中海东端之间的地区，古代希腊人和罗马人很爱吃朝鲜蓟。现以法国种植最多，意大利、西班牙次之，三国种植面积占世界生产总面积的80%以上。

朝鲜蓟既可食用又可药用，在国际市场上属高档蔬菜。它含有多酚类化合物如菜蓟素、黄酮类化合物、菊粉以及天门冬酰胺等物质，是一种具有高营养价值的保健蔬菜，经常食用可保护肝肾和增强肝脏排毒功能，有促进氨基酸代谢和降低胆固醇以及治疗消化不良、改善胃肠功能、防止动脉硬化、保护心血管等功效。

人们吃朝鲜蓟通常吃它的嫩花苞，准确地说，是吃它嫩花苞里面和梗连接的那一小块底座，只占整个朝鲜蓟的十分之一体积。法国食客为了彰显自己的讲究，一道菜里如果有朝鲜蓟底座，通常用牙刮掉花瓣底端那一点点柔软部分，就算"吃过了"。朝鲜蓟食用方法较多，可生食，也可煮食、炒食、油炸、腌制、制酱、做汤，还可制成罐头，其味清香宜人。

任务5 豆类蔬菜的初加工

一 任务描述

豆类蔬菜种类繁多、种植面积亦广，其营养价值高，主要含植物蛋白多，也含脂肪、钙、多种维生素，是人们较为喜爱的一类蔬菜，不仅可煮食，也可罐藏，做脱水菜等。成熟种子也可加工，所以用途广。豆类蔬菜较常见的有刀豆、豇豆、荷兰豆、豌豆等。多吃豆类不仅可以补肾，还有化湿补脾的功效。

豆类蔬菜如荚果均可食用的，其初加工过程为：去蒂和顶尖——去侧筋——清洗；豆类蔬菜如仅食其种子的，则其初加工过程为：剥去外壳（豆荚）——取出豆粒——清洗。

二 原材料

从菜市场购买的未加工的荷兰豆（snow pea）和豌豆（pea）。见图 1-1-9 和图 1-1-10。

图 1-1-9 未加工的荷兰豆

图 1-1-10 未加工的豌豆

荷兰豆可以提高人的免疫力，它含有多种人体代谢时的必需成分，特别是优质蛋白质的含量比较出色，食用以后可以提高机体能力和免疫细胞活性，会明显提高人的免疫功效。

豌豆为攀援性草本植物，又称为青豆、小寒豆、淮豆、麻豆、青小豆、留豆等。豌豆富含粗纤维，能促进大肠蠕动，起到清洁大肠的作用。不过炒熟的干豌豆不易消化，过食可引起消化不良、腹胀等。

三　加工步骤

步骤一：豆荚的整理

荷兰豆、四季豆等是以豆及豆荚为可食用部分的。初加工一般掐去蒂与顶尖，撕去侧筋，然后用清水洗净即可。见图 1–1–11。

图 1–1–11　加工荷兰豆

步骤二：豆粒的整理

豌豆以豆粒为可食用部分，初加工须剥去豆荚，将豆粒洗净即可。见图 1–1–12。

图 1-1-12　加工豌豆

四 技能实训

按照操作步骤进行荷兰豆和豌豆的初加工，并按照质量标准完成质量对比表（表1-1-5），分析得失原因。

表 1-1-5　荷兰豆和豌豆初加工质量对比表

序号	成品质量要求	质量对比	原因分析	分值	得分
1	荷兰豆的整理：掐去蒂与顶尖，撕去侧筋，用清水洗净	□ 恰当 □ 不恰当		50	
2	豌豆的整理：剥去豆荚，将豆粒洗净	□ 恰当 □ 不恰当		50	
合计				100	

五 问与答

豆类蔬菜是否仅有豆荚内的豆粒是可食部分？若不是，请举例说明。

解答：不是的。刀豆、豇豆、荷兰豆的荚果均可食用。

荷兰豆的初加工次序是怎样的？

解答：依次为：去蒂和顶尖，去侧筋，清洗。

荷兰豆的起源

荷兰豆并非产于荷兰，之所以被称为荷兰豆，乃是因为荷兰人把它从原产地带到中国。

17世纪，荷兰人凭借强大的海上舰队统治了东南亚的部分国家和地区以及我国台湾和南洋诸岛，从世界各地带来各种舶来品。当地居民称一种外来的豌豆为荷兰豆。后来下南洋的闽南人、潮汕人将其带回家乡，沿用了这种叫法。

有趣的是"荷兰豆"在荷兰却被叫为"中国豆"，这是双方在用词上的谦虚与幽默，并无任何实际意义。

蔬菜初加工的三大要领

初加工是对蔬菜原料在烹调前所进行的选择、整理、洗涤的过程。由于蔬菜的种类很多，产地、季节、食用部分、烹制要求变化很大，初加工的方法也随之而异，变化极大。

(1) 选择

菜肴能否做得色、香、味、形、质俱佳，一方面取决于烹调技术的优劣，另一方面则取决于原料质量的好坏。原料选择是否得当，是菜肴成功的首要条件。原料选择合适，能提高原料的使用价值，达到物尽其用、味尽其美的最高境界。下面介绍选择原料应注意的几个问题：

①熟悉原料产地。由于地理条件和传统栽培技术的不同，各地都有质量较高的产品，只有熟悉原料的最佳产地，才能选择到最佳质量的原料。

②掌握原料的生长期。由于万象变化，植物生长均有一个最佳的成长期，如霜前的白菜鲜嫩无薹，霜后则变得韧老，花薹外冲；霜后的萝卜质嫩不空心，味鲜，水分重等。根据植物的不同生长时期，不失时机地选用适应季节的蔬菜原料，可以为制好菜肴打下良好的基础。

③鉴别原料的质量。任何植物原料由于物理、生化、微生物、虫咬鼠伤等因素的影响，在质量上会有坏有好，这直接影响菜肴的质量，并与食者的健康密切相关，如发芽的土豆、放置过久的白菜均能引起食物中毒。要严格按照质量要求，选择新鲜、上等、未变质的烹饪原料。

④了解原料不同的食用部分。任何植物原料均有根、茎、叶、花、果实几大部分，不同部分的老嫩、粗细、大小、适宜的制作方法、味的香浓程度等都不一样。只有充分了解蔬菜原料各部分的不同用途，才能做到物尽其用，不浪费原料，发挥原料的最佳效果。

(2) 整理

包括对原料所进行的摘剔、撕拆、剪修、刮削等整理方法。蔬菜的整理一般根据食用部分的不同和相适宜的烹调方法来进行。

①叶菜类。摘去黄叶、烂叶、老根、花薹，除去泥土杂质，剪切成长短适宜的段。

②根茎类。削掉或剥去外皮，切剪去须根和嫩茎，挖去变质和虫鼠咬伤部分。

③瓜果类。刮削去外皮，挖出肉瓤和种籽，除去果蒂。

④豆类。摘除豆荚边上的侧筋，有些要剥去豆荚，只用种子。

⑤花菜类。除去外叶。分成小块，撕削去茎上筋络。

(3) 洗涤

一般是在选择整理之后进行的加工方法，但如果蔬菜本身污物太多，虫伤厉害，或从营养角度出发，也可先洗涤后整理。根据蔬菜的具体情况，可适当选择冷水、热水、盐水、高锰酸钾溶液来洗涤。

①冷水洗涤。此法能充分保持蔬菜的鲜嫩质地和亮丽色泽，大部分蔬菜均用冷水洗涤，洗去附在蔬菜上的泥沙、污物即可。

②热水洗涤。此法能最大限度除去原料的异味和便于原料去皮。如豆制品放在热水中浸泡清洗，可以除去其豆腥味。如番茄在热水中烫洗，则极韧的外皮一撕即去。

③盐水洗涤。此法能很好除去蔬菜上附着的虫及虫卵。将带有虫及虫卵的蔬菜放入2%～5%的盐水中浸泡，虫及虫卵受盐的渗透作用，离开蔬菜而上浮水面，便于去除。

④高锰酸钾溶液洗涤。此法适宜生食的蔬菜，能在一定程度上杀灭蔬菜上附着的有害微生物。一般先将蔬菜放入2‰的高锰酸钾溶液中浸泡，捞出，再用清水冲洗干净。

想一想　练一练

一、单项选择题：

1. 盐水洗涤主要用于（　　）上市的新鲜蔬菜。

（A）夏秋之间（B）冬天（C）春天（D）一年四季

2. 根茎类蔬菜大多含有一定量的(　　)，去皮后与空气直接接触容易氧化变色。

（A）盐酸（B）鞣酸（C）草酸（D）碳酸

3. 根茎类是指以植物的根茎为食用部分的蔬菜，常用的有土豆、(　　)、莴苣等。

（A）山药（B）卷心菜（C）芹菜（D）黄瓜

4. （　　）是西餐常用的瓜果类蔬菜。

（A）辣根（B）洋葱（C）胡萝卜（D）节瓜

5. 黄瓜尾部含有较多的（　　）。

（A）优质蛋白质（B）维生素（C）苦味素（D）植物纤维

6. 要清除蔬菜中的菜虫，应该将其置于（　　）中浸泡。

（A）热水（B）冷水（C）盐水（D）高锰酸钾溶液

7. （　　）是以豆为食用部分的豆类蔬菜，必须剥去豆荚。

（A）荷兰豆（B）豇豆（C）刀豆（D）豌豆

二、连线题：

1. 芹菜的初加工步骤是：

步骤一	用2%的盐水浸泡5分钟，使芹菜上的虫卵吸盐收缩，浮于水面。
步骤二	用冷水洗涤，以去除芹菜未摘净的泥土、杂物等。
步骤三	采用摘、剥的方法去除芹菜的黄叶、老根、外帮、泥土及腐烂变质的部分。

2. 将下列不同类型的蔬菜与其恰当的整理方法相对应

A. 叶菜类	除去外叶，分成小块，撕削去茎上侧筋
B. 根茎类	摘去老根、花薹，除去泥土杂质，剪切成长短适宜的段
C. 瓜果类	摘除豆荚边上的侧筋，有些要剥去外层，只用种子
D. 豆荚	刮削去外皮，挖出肉瓤和种籽，并去蒂
E. 花菜类	剥去外皮，切剪去须根和嫩茎

三、思考题：

1. 根据蔬菜的具体情况，可选用哪些方法来洗涤？是否一定要先整理后洗涤？

2. 要驱尽菜虫和虫卵，将蔬菜放入盐水溶液中浸泡的时长多久为宜？为何不是越久越好？

模块二　蔬菜原料的刀工成形

学习目标

1. 能熟知西餐蔬菜原料加工的主要刀法。
2. 学会对原料进行块、段、条、片、丝、粒以及圆形、橄榄形等形状加工。
3. 能根据蔬菜的具体情况及菜肴的要求选择适当的切削方式。
4. 能使用西餐的专用刀具切割蔬菜原料。

刀工就是根据烹调与食用的需要，将各种原料加工成一定形状，使之成为组配菜肴所需要的基本形体的操作技术。

原料经刀工处理后，便于烹饪，食用方便；原料经刀工处理后，在烹调时易于着色入味，受热均匀，成熟快，利于杀毒消菌；原料经刀工处理后，易于黏浆挂糊，附着力强，加热后，能最大限度地保持原料中的水分，使成菜鲜嫩适口；原料经刀工处理后，能形成各种不同的形态，从而增加菜肴的品种甚至风味特色，使菜肴丰富多彩；原料经刀工处理后，形状整齐美观，诱人食欲利于消化，并且增加营养。烹饪任何菜肴，都很难离开刀工这道重要的工序。

西餐中蔬菜原料加工的刀法主要是削和直刀切。加工成的形状有块、段、条、片、丝、粒以及圆形、橄榄形等。

任务1　蔬菜丝（顺丝）的原料加工

一　任务描述

胡萝卜（carrot）、芹菜、辣根（horseradish）、红菜头（beet root）等蔬菜大都应顺纤维方向切成顺丝。

二　原材料

从菜市场购买的未加工的红菜头。见图 1-2-1。

图 1-2-1　未加工的红菜头

原料知识

红菜头，亦称根甜菜、红甜菜。其主根肥大，可生食、凉拌、炒食、榨汁、煮汤、腌渍。

红菜头的肉质根富含糖分和矿物质，肉质脆嫩，略带甜味，而且有鲜艳的颜色，是色、味俱佳的蔬菜。

红菜头是欧美国家的重要蔬菜，在中国和日本仅有少量栽培。

三　加工步骤

步骤一：去皮

将红菜头外皮洗净，旋削去皮。见图 1-2-2（a）。

步骤二：切丝

将去皮的红菜头先切薄片，然后再叠放起来切成长 6 ~ 7 厘米、宽 2 ~ 2.5 毫米的丝。见图 1-2-2（b）。

步骤三：冲洗

将红菜头丝用水冲洗干净，码放在盆内。见图 1-2-2（c）。

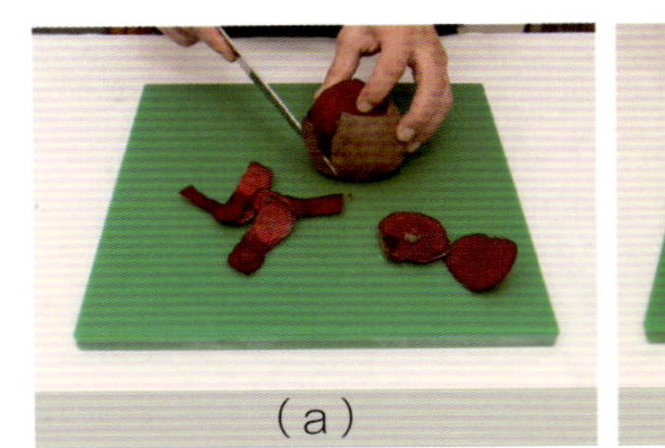
（a）

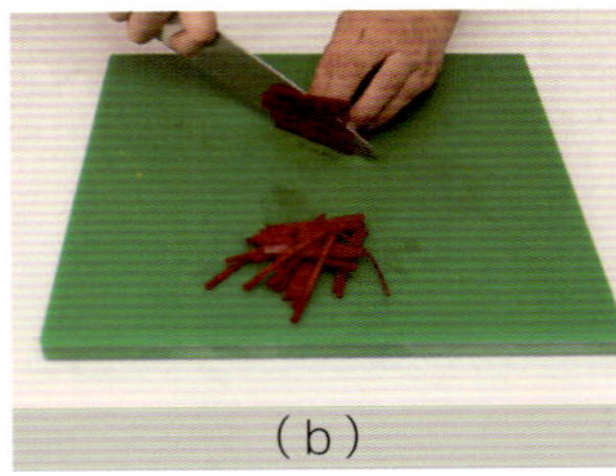
（b）

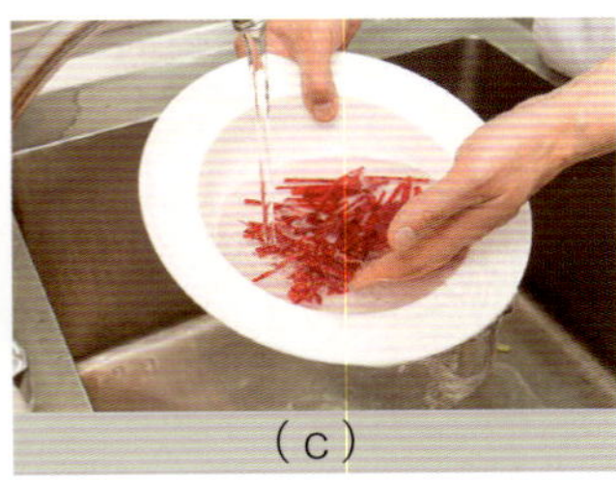
（c）

图 1-2-2　红菜头切丝

四 技能实训

按照操作步骤进行红菜头切丝的加工，并按照质量标准完成质量对比表（表 1-2-1），分析得失原因。

表 1-2-1　红菜头切丝加工质量对比表

序号	成品质量要求	质量对比	原因分析	分值	得分
1	去皮：将红菜头外皮洗净，用水果刀以削旋的方法去皮	□方式正确 □方式不正确		35	
2	切丝：将去皮的红菜头先切薄片，然后再叠放起来切成长 6 ~ 7 厘米、宽 2 ~ 2.5 毫米的丝	□长宽合适 □长宽不合适		35	
3	冲洗：将红菜头丝用水冲洗干净，码放在盆内	□洗净 □未洗净		30	
合计				100	

五 问与答

把码放整齐的蔬菜快速切成细丝须掌握怎样的手法？

解答：对右手持刀者而言，以左手四指尖内弯按住码放整齐的蔬菜，手指背要始终紧贴住刀的侧面，切一下往后移一点，再切一下再往后移一点，这样在右手下刀的同时左手跟着逐次后移，直到把砧板上码放整齐的蔬菜切完。

切丝时，非持刀手的指尖为何要内弯、指背为何要紧贴刀的侧面？

解答：指尖内弯是为了防止手指受伤；指背紧贴刀的侧面是为了控制菜丝的粗细。

任务2 蔬菜丝（横丝）的原料加工

一 任务描述

菠菜（spinach）、生菜（lettuce）、卷心菜（cabbage）等叶菜类蔬菜，由于质地脆嫩，大部分应逆着纤维横切成丝。

二 原材料

从菜市场购买的未加工的卷心菜。见图1-2-3。

图1-2-3 未加工的卷心菜

原料知识

卷心菜，学名结球甘蓝，为甘蓝的变种。卷心菜来自欧洲地中海地区，是西方人最为重要的蔬菜之一。

卷心菜有绿色、白色、红色等不同颜色，卷心菜里面的叶子比外面的叶子略白些。

切开的卷心菜容易从刀口处变质，所以最好买完整的卷心菜，从外层按顺序食用会保存很长时间。用刀从卷心菜的根部至菜心斜切可以很容易地剥掉外皮。

三 加工步骤

步骤一：整理

去除卷心菜的叶梗，将菜叶整理成适当的片。见图 1-2-4（a）。

步骤二：切丝

将卷心菜叶片叠放一起，逆着纤维方向切成所需宽度的丝。见图 1-2-4（b）。

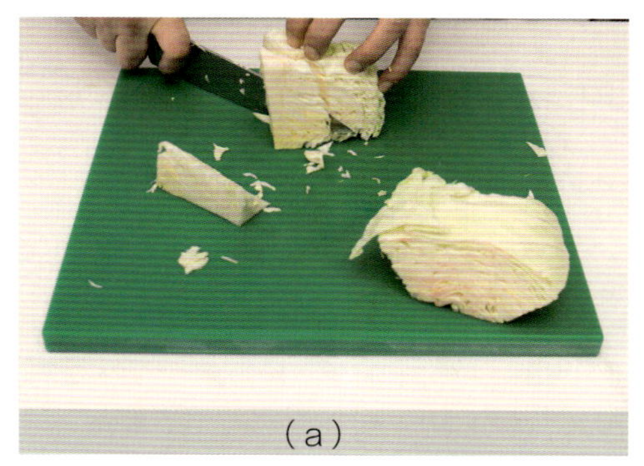

（a）

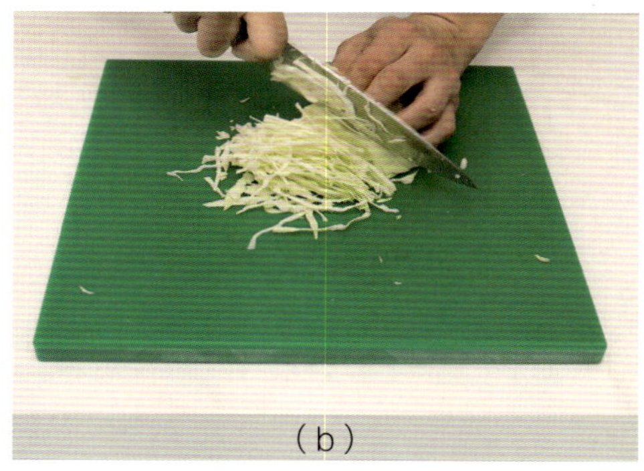

（b）

图 1-2-4　卷心菜切丝

四 技能实训

按照操作步骤进行卷心菜切丝的加工，并按照质量标准完成质量对比表（表1-2-2），分析得失原因。

表 1-2-2　卷心菜切丝加工质量对比表

序号	成品质量要求	质量对比	原因分析	分值	得分
1	整理：去除叶梗，将菜叶整理成适当的片	□恰当 □不恰当		40	
2	切丝：将卷心菜叶片叠放一起，逆着纤维方向切成所需宽度的丝	□方向正确 □方向不正确 □宽度一致 □宽度不一致		60	
合计				100	

五 问与答

有没有电动的蔬菜切丝机？

解答：有的。有专用的蔬菜切丝机，也有多功能切菜机，都可以进行蔬菜切丝的操作。

蔬菜切丝机能否控制顺丝逆丝的方向和蔬菜丝的宽度？

解答：顺丝逆丝的方向必须通过人工整理，只要将菜片统一叠放整齐，蔬菜切丝机的往复竖刀就能按设定的方向将菜片切成直丝或段。输送带每次移动距离为1 ~ 20毫米，可自由调整，所调整量即为丝段的宽度。

任务3　蔬菜丝（“竹筛棍”）的原料加工

一　任务描述

这是一种较短的蔬菜丝，主要用于土豆、芹菜、胡萝卜等的加工。

二　原材料

从菜市场购买的未加工的胡萝卜。见图 1-2-5。

图 1-2-5　未加工的胡萝卜

原料知识

胡萝卜供食用的部分是肥嫩的肉质直根。胡萝卜的品种很多，按色泽可分为红、黄、橙、紫等数种，按形状可分为圆锥形和圆柱形。

胡萝卜肉质细密，质地脆嫩，有特殊的甜味，含有丰富的胡萝卜素维生素C和B族。

胡萝卜以质细味甜，脆嫩多汁，表皮光滑，形状整齐，心柱小，肉厚，不糠，无裂口和病虫伤害者为佳。

三 加工步骤

步骤一：切段

将原料去皮，切成 3 厘米长的段。见图 1–2–6（a）。

步骤二：切片

顺长切成 3 毫米厚的片。见图 1–2–6（b）。

步骤三：切丝

再将片切成 3 毫米粗细的丝。见图 1–2–6（c）。

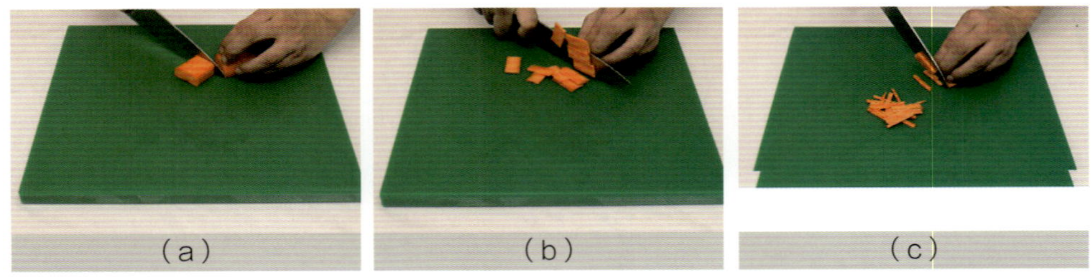
(a)　(b)　(c)

图 1-2-6　胡萝卜切丝

四 技能实训

按照操作步骤进行胡萝卜切 “竹筛棍” 的加工，并按照质量标准完成质量对比表（表 1–2–3），分析得失原因。

表 1-2-3　胡萝卜切 “竹筛棍” 加工质量对比表

序号	成品质量要求	质量对比	原因分析	分值	得分
1	整理：将原料去皮，切成 3 厘米长短相同的段	□符合要求 □不符合要求		40	
2	切片与切丝：将 3 厘米的胡萝卜段顺长切成 3 毫米厚的片，再将片切成 3 毫米粗细的丝	□长度一致 □长度不一致 □宽度一致 □宽度不一致		60	
合计				100	

五 问与答

胡萝卜用菜刀切丝为何要先切段和片？

解答：因为这样切出来的胡萝卜丝长度比较均匀。

胡萝卜切丝，除了菜刀以外有没有专用的工具？

解答：有的，可使用擦丝板，不过擦丝板擦出的丝比较细，为了长度一致最好也先将胡萝卜切段。

胡萝卜的历史、种类与品质

胡萝卜原产于亚洲的西南部，栽培历史在五千年以上。公元10世纪胡萝卜从伊朗引入欧洲大陆，15世纪见于英国，发展成欧洲生态型，尤以地中海沿岸种植最多；16世纪传入美国。约在13世纪胡萝卜从伊朗引入中国，发展成中国生态型，以山东、河南、浙江、云南等省种植最多。胡萝卜于16世纪从中国传入日本。

胡萝卜的叶为三回羽状全裂叶，丛生于短缩茎上。顶端各生着一复伞形花序。异花传粉。双悬果，肉质根有长筒、短筒、长圆锥及短圆锥等不同形状，呈黄、橙、橙红、紫等不同颜色。胡萝卜属半耐寒性，喜冷凉气候。为长日照植物。肉质根在18～20℃时发育良好。中国多于夏秋播种。

胡萝卜营养丰富。有治疗夜盲症、保护呼吸道和促进儿童生长等功能。此外还含较多的钙、磷、铁等矿物质。生食或熟食均可。还可腌制、酱渍、制干或作饲料。

胡萝卜的品质要求：以质细味甜，脆嫩多汁，表皮光滑，形状整齐，心柱小，肉厚，不糠，无裂口和病虫伤害者为佳。

任务 4 蔬菜丁（小方粒）的原料加工

一 任务描述

主要用于洋葱（onion）、胡萝卜、蒜（garlic）、芹菜、番茄（tomato）等蔬菜的加工。

二 原材料

从菜市场购买的未加工的洋葱。见图 1-2-7。

图 1-2-7 未加工的洋葱

原料知识

洋葱原产于中亚或西亚，现有很多不同的品种用于世界各地的食物。葱头外表紫红色，鳞片肉质稍带红色，呈扁球形或圆球形。

洋葱肉质柔嫩，汁多辣味淡。

洋葱最普遍的吃法是生吃，即将洋葱切成丝或粒后和其他的蔬菜一起制作成蔬菜沙拉，或者将洋葱作为配菜和牛排等主食一起吃，还可以在汉堡、三明治里，夹上一些生洋葱丝。

三 加工步骤

步骤一：整理

将洋葱去外皮后，整理成片。

步骤二：切丝

将片切成 2 毫米宽的丝。见图 1–2–8（a）。

步骤三：切粒

再将丝切成 2 毫米 ×2 毫米 ×2 毫米的小方粒。见图 1–2–8（b）。

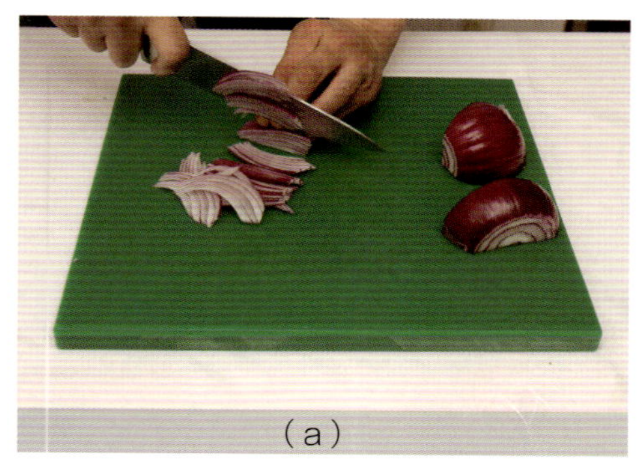
（a）

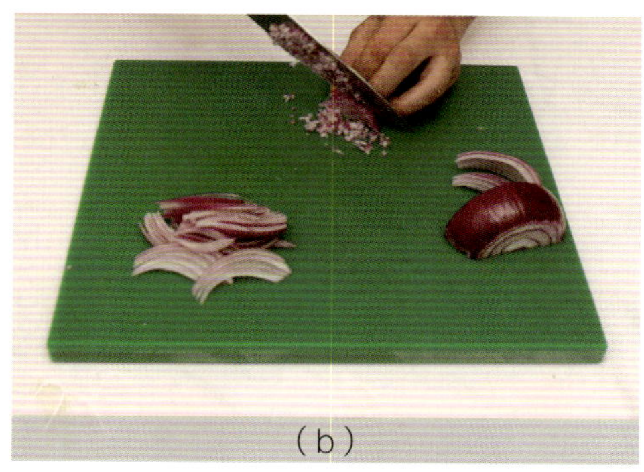
（b）

图 1-2-8　洋葱切小方粒

四 技能实训

按照操作步骤进行洋葱切小方粒的加工，并按照质量标准完成质量对比表（表 1–2–4），分析得失原因。

表 1-2-4　洋葱切小方粒加工质量对比表

序号	成品质量要求	质量对比	原因分析	分值	得分
1	整理：将洋葱去外皮后，整理成约 2 毫米厚的片	□符合要求 □不符合要求		40	
2	切丝与切粒：将片切成 2 毫米宽的丝，再将丝切成 2 毫米 ×2 毫米 ×2 毫米的小方粒	□大小一致 □大小不一致		60	
合计				100	

五 问与答

切洋葱时眼睛容易受刺激而流泪，怎么办？

解答：让我们眼睛感受到辣的挥发物质叫洋葱素。切洋葱时，可以把洋葱放在水里切，这样洋葱素就会减少挥发，避免刺激眼睛流泪，但是水要深一些才有用。须注意在水里切比较滑，小心不要伤到手。

洋葱切粒，除了菜刀以外有没有专用的工具？

解答：有的，可使用手压式切洋葱器。

洋葱的传奇

洋葱原产于中亚的阿富汗、伊朗及塔吉克斯坦一带，至今已有五千多年的栽培历史。何时传入我国，史学界众说不一。元代宫廷御医忽思慧在《饮膳正要》中有关于洋葱的记述，“回回葱味辛温无毒”：由此可见，最晚到元代我国西北地区就有洋葱的栽培了。洋葱喜冷耐寒，故华北及西北各省区栽培面积较大。

洋葱有红色、黄色和白色之分，红皮洋葱扁圆形，外皮紫红，肉质色白略紫，味香甜、品质好、产量高；黄色洋葱晚熟，肉质细密、甜味重、品质优、耐贮存；白色洋葱早熟，生长期短，可提前上市。洋葱以鳞片肥厚，个体丰硕、抱合紧密、没溏心、不抽薹、不着雨、不上冻者为佳。

洋葱含多种挥发性芳香物质，这是形成其特殊滋味的主要原因。挥发性芳香物质的香气能增进食欲、帮助消化，有杀菌、解腥、除腻和降膻的作用，所以洋葱成为人们膳食生活中的必备调味佳品及绝好的配菜。

在烹调实践中，用洋葱做配料或做调味品十分普遍，可用于冷菜，也可用于热菜。用洋葱调味，更被各国厨师运用得淋漓尽致，吊汤用洋葱增鲜、炖肉用洋葱去腥、味碟用洋葱加香……动用洋葱最多的莫过于各种调味汁了，比如调制蚝油汁、海鲜酱汁、葱香汁、串烧汁、陈皮汁等都离不开洋葱，可见其在调味中的作用非同一般。

洋葱在西餐中的地位更为重要，做沙拉要用洋葱、做沙司要用洋葱、做汤要用洋葱、做菜也少不了洋葱，西餐不用洋葱的菜例极为少见。正如英国大文学家罗伯特所说："没有洋葱，烹调艺术将失去光彩，一旦洋葱在厨房中失踪，人们的饮食不再是一种乐趣。"

在国外，有关洋葱的奇闻趣事不胜枚举：古代埃及、希腊、罗马等地洋葱的价格昂贵，现代人听来几乎是神话，那时一个洋葱可换十条鸡腿，洋葱可作为女儿的嫁妆、借债的抵押品、租金；中世纪的欧洲骑士出征时要在胸前挂上洋葱，认为这样可免受兵器的伤害；古埃及人把洋葱悬于房中，用来驱除妖魔鬼怪；古希腊、古罗马常给士兵大量发放洋葱，以达驱病健体的目的。

在美国南北战争时，当时的北军总司令、后来成为第十八任总统的培兰特将军，曾给陆军部送去一封信，写道："没有洋葱，我就不能调动我的军队。"结果第二天陆军部火速送去三列车洋葱，解决了部队遭受到的痢疾和其他疾病的困扰，看来洋葱的保健及医疗作用的确不可小觑。

现代医学研究认为，洋葱中的许多有效成份确实起到防病治病的作用：洋葱中的洋葱精油可降低胆固醇含量，对改善动脉粥样硬化很有帮助；洋葱中的前列腺素A可减少血管阻力，减少儿茶酚引起的升压作用；洋葱含有的二烯丙基二硫化物、硫氨基酸等物质有降脂的作用，所以，经常食用洋葱对降低血脂、防止心血管疾病有较好的作用；洋葱中的硒元素有一种特殊的作用，能使人体产生大量的谷胱甘肽，这种物质浓度升高时，癌症的发病率就会大大降低。另外，洋葱对金黄色葡萄球菌、白喉杆菌等都有很强的杀灭作用。

任务 5 蔬菜丁（方丁）的原料加工

一 任务描述

主要用于胡萝卜、芹菜、土豆、红菜头等蔬菜的加工。

二 原材料

从菜市场购买的未加工的西芹。见图 1-2-9。

图 1-2-9 未加工的西芹

三 加工步骤

步骤一：整理

将西芹去叶洗净后，整理成 8 厘米长度的厚片。见图 1-2-10（a）。

步骤二：切条

将西芹厚片切成 0.5 厘米宽度的条。见图 1-2-10（b）。

步骤三：切丁

再将条切成 0.5 厘米 ×0.5 厘米 ×0.5 厘米的丁。见图 1-2-10（c）。

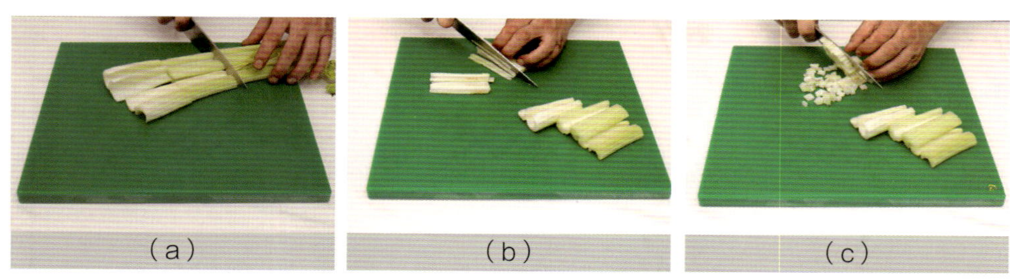

图 1-2-10　西芹切丁

四 技能实训

按照操作步骤进行芹菜切丁的加工，并按照质量标准完成质量对比表（表 1-2-5），分析得失原因。

表 1-2-5　芹菜切丁加工质量对比表

序号	成品质量要求	质量对比	原因分析	分值	得分
1	整理：将芹菜去叶洗净后，整理成 8 厘米长度的厚片	□符合要求 □不符合要求		40	
2	切丝与切丁：将芹菜厚片切成 0.5 厘米宽度的条，再将条切成 0.5 厘米 ×0.5 厘米 ×0.5 厘米的丁	□大小一致 □大小不一致		60	
合计				100	

五 问与答

芹菜可否用塑料袋包裹保存？芹菜正确的保存方式是怎样的？

解答：不可以。如果用塑料袋包裹芹菜，会使乙烯无法排出而加速其老化。应该将芹菜清洗好，待根茎控干水后，用铝箔纸包裹紧，再放入冰箱，这样保鲜期可长达几周。

芹菜叶子能吃吗？烹饪芹菜为何要把芹菜叶子去除？

解答：能吃。吃芹菜时只吃茎不吃叶，是极不科学的，因为芹菜叶中的营养成分远远高于芹菜茎。

任务6　蔬菜丁（大方丁）的原料加工

一　任务描述

主要用于胡萝卜、土豆、红菜头等原料的加工。

二　原材料

从菜市场购买的未加工的土豆。

三　加工步骤

步骤一：整理与切片

采用削、刨、刮等方法去除土豆的外皮和芽眼后，将其切成 1 厘米厚的片。见图 1-2-11（a）。

步骤二：切条

将片切成 1 厘米宽的条。见图 1-2-11（b）。

步骤三：切丁

再将条切成 1 厘米 ×1 厘米 ×1 厘米的方丁。见图 1-2-11（c）。

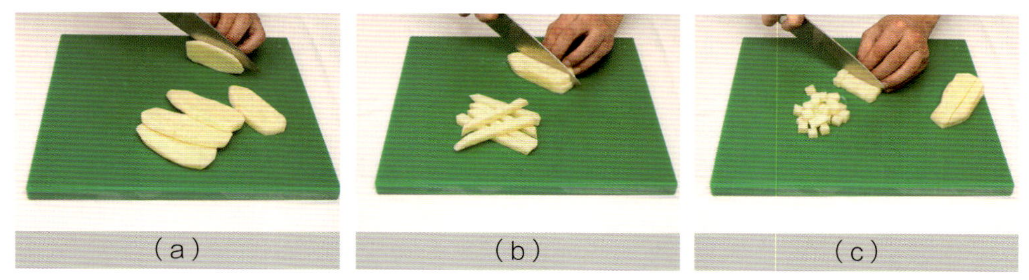

（a）　（b）　（c）

图 1-2-11　土豆切丁

四　技能实训

按照操作步骤进行土豆切大方丁的加工，并按照质量标准完成质量对比表（表 1-2-6），分析得失原因。

表 1-2-6 土豆切大方丁加工质量对比表

序号	成品质量要求	质量对比	原因分析	分值	得分
1	整理与切片：采用削、刨、刮等方法去除土豆的外皮和芽眼后，将其切成 1 厘米厚的片	□符合要求 □不符合要求		50	
2	切条与切丁：将 1 厘米厚的土豆片切成 1 厘米宽的条，再将条切成 1 厘米 ×1 厘米 ×1 厘米的方丁	□大小一致 □大小不一致		50	
合计				100	

五 问与答

土豆切开后为什么会发黑？

解答：有两个原因：一是土豆内含一种叫做青花素的物质，削皮后因直接暴露在空气中和氧气发生氧化作用而变黑；二是土豆内的有机化合物鞣酸和金属刀或钢丝球接触后发生反应，产生鞣酸铁或鞣酸盐，从而变黑。

土豆切丁后怎样才能延长保存时间？

解答：切成丁的土豆放进水里，再加几勺盐，可以有效保持不变黑并且延长保存时间；或者，加几滴食用醋，降低土豆中酶的活性，也可以延长保存时间。

任务 7　蔬菜片（圆片）的原料加工

一　任务描述

主要用于胡萝卜、黄瓜、土豆、番茄等蔬菜的加工。

二　原材料

从菜市场购买的未加工的胡萝卜。

三　加工步骤

步骤一：整形

将胡萝卜原料去皮，加工成圆柱状。见图 1-2-12（a）。

步骤二：切片

从一端开始切薄片，直至另一端。见图 1-2-12（b）。

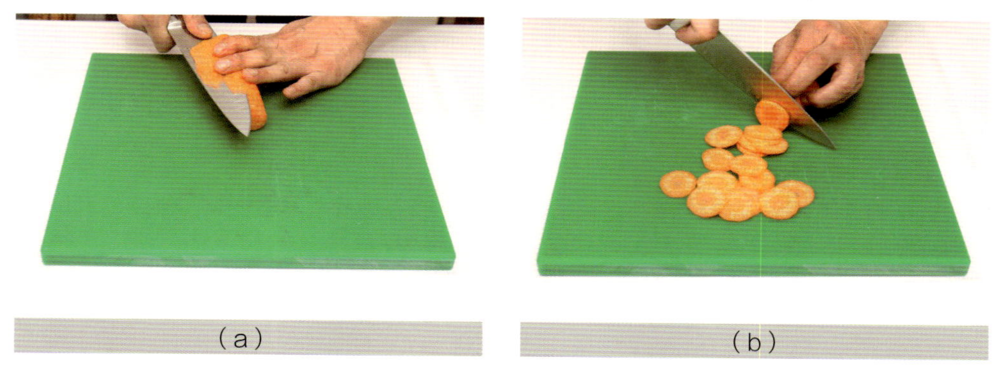

（a）　（b）

图 1-2-12　胡萝卜切片

四　技能实训

按照操作步骤进行胡萝卜切圆片的加工，并按照质量标准完成质量对比表（表 1-2-7），分析得失原因。

表 1-2-7　胡萝卜切圆片加工质量对比表

序号	成品质量要求	质量对比	原因分析	分值	得分
1	整形：将胡萝卜原料去皮，加工成圆柱状	□符合要求 □不符合要求		50	
2	切片：从胡萝卜圆柱体的一端开始切薄片，直至另一端	□薄厚一致 □薄厚不一致		50	
合计				100	

五 问与答

胡萝卜是生食好还是熟食好？

解答：胡萝卜素和维生素 A 是脂溶性物质，所以，吃胡萝卜的科学方法是：用油炒熟或与肉类一起炖熟后再食用。

胡萝卜有几种颜色、几种形状，以哪种颜色和形状的质地为佳？

解答：胡萝卜的品种很多，按色泽可分为红、黄、橙、紫等数种，我国栽培最多的是红、黄两种；按形状可分为圆锥形和圆柱形。胡萝卜的品质要求与色泽和形状无关，以质细味甜，脆嫩多汁，表皮光滑，形状整齐，心柱小，肉厚，不糠，无裂口和病虫伤害者为佳。

任务 8　蔬菜片（方片）的原料加工

一　任务描述

主要用于胡萝卜、红菜头等蔬菜的加工。

二　原材料

从菜市场购买的未加工的红菜头。

三　加工步骤

步骤一：整形

将红菜头去皮，修整成长方条。见图 1-2-13（a）。

步骤二：切片

从长方条的一端开始切，切成 1 ～ 2 毫米厚的方片。见图 1-2-13（b）。

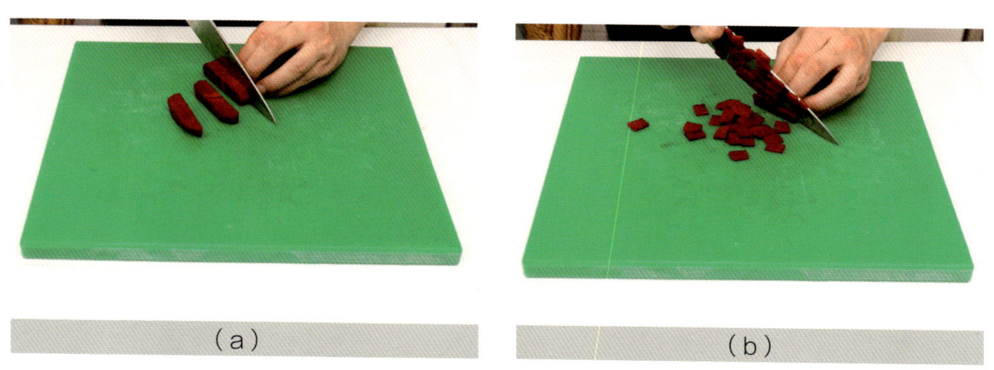

图 1-2-13　红菜头切片

四　技能实训

按照操作步骤进行红菜头切方片的加工，并按照质量标准完成质量对比表（表 1-2-8），分析得失原因。

表 1-2-8 红菜头切方片加工质量对比表

序号	成品质量要求	质量对比	原因分析	分值	得分
1	整形：红菜头去皮，修整成长方条	□符合要求 □不符合要求		50	
2	切片：从红菜头长方条的一端开始切 1 ~ 2 毫米厚的方片，直至另一端	□厚薄一致 □厚薄不一致		50	
合计				100	

五 问与答

红菜头一定要用进口蔬菜吗，有国产的吗？

解答：红菜头不一定要用进口的，它喜欢生长在冷凉气温环境中，在我国东北及内蒙古等地多有种植，是榨制砂糖的主要原料。

红菜头应该怎样吃，生食还是熟食？是作为主料还是作为装饰的？

解答：红菜头可生食、凉拌，或炒、煮，亦是装饰、点缀及雕刻的良好原料。红菜头含有一种其他蔬菜所没有的甜菜碱成分，是新陈代谢的有效调节剂，能加速人体对蛋白质的吸收改善肝功能，它是西餐常用的蔬菜主料。

红菜头的政治贡献

时至今日，在甜菜糖这件事上，英国人对拿破仑仍旧耿耿于怀。拿破仑战争期间，英国人凭借强大的海军控制了海路运输，他们的如意算盘是，爱好美食的法国人一定无法容忍自己厨房里居然没有一瓶来自阳光灿烂的加勒比甘蔗园晒出来的白糖。这样一来，拿破仑要么乖乖把银子贡献给英国商人，要么就等着愤怒的法国民众起来造反。

而拿破仑的运气在于，一个德国人60年前已经发明了从红菜头里提炼糖的工业方法。他的能力则在于，直接禁止从英国进口蔗糖，在法国本土划出3.2万公顷土地以行政命令保证红菜头的种植，以及补贴甜菜糖工厂的建立和生产。英国人只好咒骂拿破仑"小气""专制""功利主义"。300年后的欧洲大陆，如今仍是蔗糖与甜菜糖共存的消费格局。

任务9 蔬菜片（土豆片）的原料加工

一 任务描述

1 毫米厚的片用于炸土豆片，2 毫米厚的片用于烤或焗，3 毫米厚的片用于炸气鼓土豆，4 毫米 ~ 1 厘米厚的片用于炒、煎。

二 原材料

从菜市场购买的未加工的土豆。

三 加工步骤

步骤一：整形

将土豆去皮，切成长方块六面体。

步骤二：切片

从长方体一端开始切，切成相应厚度的片，并放入冷水中浸泡。见图 1–2–14。

图 1–2–14 土豆切片

四 技能实训

按照操作步骤进行土豆片的加工，并按照质量标准完成质量对比表（表 1–2–9），分析得失原因。

表 1-2-9　土豆片加工质量对比表

序号	成品质量要求	质量对比	原因分析	分值	得分
1	整形：将土豆去皮，切成长方块六面体	□符合要求 □不符合要求		50	
2	切片：从长方体一端开始切，切成相应厚度的片，并放入冷水中浸泡	□厚薄一致 □厚薄不一致		50	
合计				100	

五 问与答

土豆圆圆的很不好切片，滚来滚去容易伤到手，怎么办？

解答：先要将去皮后的土豆切成长方块六面体，这样它就能很平衡地“站”在案板上了。

土豆去皮有什么快捷的方法？

解答：开水中用中火煮 1 ~ 2 分钟，取出来一撕皮就掉了，需要注意不要煮熟了。

任务 10　蔬菜片（沃夫片）的原料加工

一 任务描述

主要用于土豆、胡萝卜等蔬菜的加工。

二 原材料

从菜市场购买的未加工的胡萝卜。

三 加工步骤

步骤一：整形

将胡萝卜去皮削成直径为 2 厘米的圆柱。见图 1-2-15（a）

步骤二：切片

用波纹刀从一端先切下，然后将原料转动 45 度 ~ 90 度角，切第二刀，以此类推，将原料切成蜂窝状的片。见图 1-2-15（b）

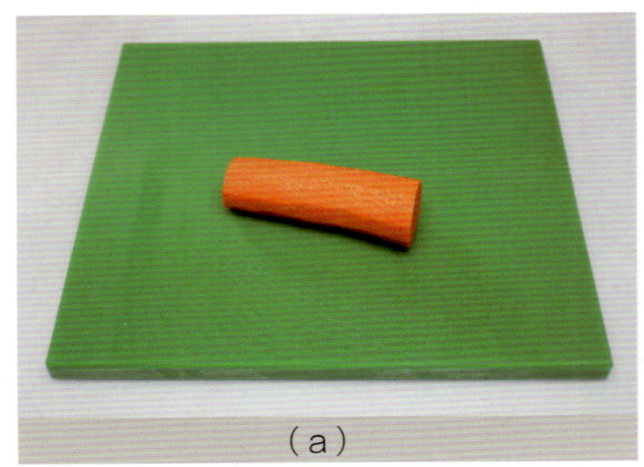
（a）

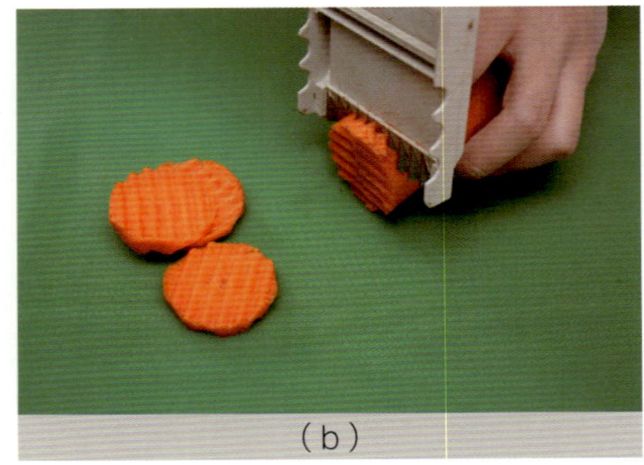
（b）

图 1-2-15　胡萝卜切沃夫片

四 技能实训

按照操作步骤进行胡萝卜沃夫片的加工，并按照质量标准完成质量对比表（表 1-2-10），分析得失原因。

表 1-2-10　胡萝卜沃夫片加工质量对比表

序号	成品质量要求	质量对比	原因分析	分值	得分
1	整形：将胡萝卜去皮削成直径为 2 厘米的圆柱	□符合要求 □不符合要求		50	
2	切片：用波纹刀从一端先切下，然后将原料转动 45 度 ~ 90 度角，切第二刀，以此类推，将原料切成蜂窝状的片	□形态、大小一致 □形态、大小不一致		50	
合计				100	

五 问与答

吃胡萝卜可以连皮食用吗？

解答：可以的。其实，吃胡萝卜最好不要削皮，因为胡萝卜素主要存在于皮下，而胡萝卜皮只有几乎透明的薄薄一层。

既然生吃胡萝卜不利于营养吸收，那么应该用什么油温去烹炒胡萝卜呢？

解答：如果用高于 180℃的热油长时间烹炒胡萝卜，会造成胡萝卜素大量损失。最理想的做法是在炖肉的时候加胡萝卜，因为这时温度合适，既不会损害其中的营养，适当的油脂又有利于胡萝卜素渗出。

厨刀分类

世界上主要有三大厨刀系：中式厨刀；西式厨刀；日式厨刀。

1. 中式厨刀

一般分为批刀、斩刀及前批后斩刀三种。批刀用于料理无骨肉与蔬果；斩刀专门对付带骨或特硬之物。家用刀以圆头的前批后斩刀为宜，此种刀的优点是头圆体轻，使用方便，适用范围广，各种刀法都能适用。

2. 西式厨刀

式样繁多，分类特别细。常用刀具有：

（1）主厨刀 / 厨师刀（chef's knife/kochmesser）

是一种综合用途的刀，刀身较宽，刀刃部分为弧形，用于切肉、鱼和蔬菜。中式菜刀是靠刀子的重量，从上到下地切。西式刀比较轻，切法是，刀尖几乎不离开案板，只是抬起刀子的后半部分，像是铡刀的用法；或者是划拉。

（2）三德刀（santoku knife/santokumesser）

意为切割肉食、蔬菜、瓜果的全能刀。是 kochmesser 针对东方人的改良版，尺寸比一般 kochmesser 小，刀尖部分比较圆，既可切割肉食，也可切割蔬菜瓜果。从实际使用效果来说这种刀切瓜果蔬菜的效果比较好。

（3）切肉刀 / 多用刀（fleischmesser/ utility knife）

有长而尖锐的刀身，用于削、切、剁和雕。

（4）砍刀（hackmesser）

类似于中国菜刀，但刀身更厚重，用于切骨头，冻肉。

其他刀型有：

（5）剔骨刀（ausbeinmesser/bonning knife）

刀身非常窄，用于分离骨头和肉，西方人除了蹄髈外很少吃带骨头的肉。

（6）面包刀（brotmesser/bread knife）

刀身长，刀锋是锯齿状的，用于切面包或其他外硬内软的食物，不能用来切肉或鱼，没法切出平整的片。

（7）牛排刀（steakmesser/ steak knife）

刀身窄，刀背直，刀刃呈弧形，能流畅地划开肉。

（8）蔬菜刀（gem ü semesser/vegetable knife）

小而轻，直刀锋，用来削皮，切、剁蔬菜。

（9）小切刀（spickmesser/parer）

小刀，有尖锐的刀尖，可用来切蔬菜和清洁蔬菜。

（10）削皮刀（tourniermesser/peeler）

小刀，刀刃内弯，方便为圆形的蔬菜水果去皮。

（11）番茄刀（tomatenmesser/tomato knife）

刀刃呈波浪状，能流畅地切开番茄的皮，切出番茄薄片，不使汁液因挤压而过多流失；刀尖分叉，能将番茄片挑起。

3. 日式厨刀

薄刃刀，主要用来处理蔬菜，因为刀刃薄，可以切得较细、薄。

薄刃刀分为：

（1）菜切（薄刃）刀

主要用来切菜并能切出很细很薄的片。

（2）镰型（薄刃）刀

刀头做成镰刀的式样，与菜切（薄刃）刀的功能一样。

其他刀型有：

（3）生鱼片刀（刺身刀）

关西的生鱼片刀即“柳刃”，刀尖是尖的。关东的生鱼片刀的刀尖则是角型的。

（4）出刃刀

用来切鱼、鸡的骨头等较粗食材。

任务 11 蔬菜末（洋葱末）的原料加工

一 任务描述

洋葱作为西餐的基本原料，主要起到提味增香的作用，一般都作为辅料或主料之一来使用。做辅料的时候都切成丁或者末。

二 原材料

从菜市场购买的未加工的洋葱。

三 加工步骤

步骤一：整形

洋葱剥去老皮，去除头部，保留部分根部，纵切成两半。见图 1-2-16（a）。

步骤二：切丝

用刀直切成丝，但根部勿切断。见图 1-2-16（b）。

步骤三：切粒

将洋葱逆转 90 度，左手持刀，平刀片 2 至 3 刀，根部勿断。按住根部，用刀从头部将洋葱切下成粒。见图 1-2-16（c）。

步骤四：切末

再将葱粒进一步斩碎成末。见图 1-2-16（d）。

（a）　（b）　（c）　（d）

图 1-2-16 洋葱切末

四 技能实训

按照操作步骤进行洋葱末的加工，并按照质量标准完成质量对比表（表 1-2-11），分析得失原因。

表 1-2-11　洋葱末加工质量对比表

序号	成品质量要求	质量对比	原因分析	分值	得分
1	整形：洋葱剥去老皮，去除头部，保留部分根部，纵切成两半	□符合要求 □不符合要求		40	
2	切末：先切丝，再切粒，再切末。	□方法正确 □方法不正确 □大小一致 □大小不一致		60	
合计				100	

五 问与答

切洋葱末既不想放在水中切又不想让眼睛受刺激而流泪，有没有什么好办法？

解答：有的。可以找一副游泳眼镜套在头上，使其罩在眼眶上，接着怎么切都不会流泪了！

如何挑选新鲜的洋葱？

解答：带皮的洋葱要比去皮的洋葱好，因为外面的表皮会保护洋葱内的水分不散失，质地比较脆嫩，不要为图省事去买已经剥好的洋葱。并且一般来说，洋葱表皮越干，包卷度越紧密越好，最好可以看出透明表皮中带有茶色的纹理。

紫皮洋葱辣，白皮洋葱甜

常见的洋葱分为紫皮和白皮两种。白皮洋葱肉质柔嫩，水分和甜度皆高，长时间烹煮后有黄金般的色泽及丰富甜味，比较适合鲜食、烘烤或炖煮；紫皮洋葱肉质微红，辛辣味强，适合炒或做生菜沙拉。两者相比，紫皮洋葱营养更好一些。

任务 12　蔬菜末（蒜末）的原料加工

一　任务描述

切碎、磨碎大蒜，碾成粉末状的蒜末，可以与其他食物配合制成多种菜肴或点心。

二　原材料

从菜市场购买的未加工的大蒜。见图 1–2–17。

图 1–2–17 未加工的大蒜

三　加工步骤

步骤一：整理

蒜剥去外皮，切成两半，摘除蒜芽。见图 1–2–18（a）。

步骤二：拍碎

用刀侧面压住蒜瓣，用手拍压刀面，将蒜拍成碎块。见图 1–2–18（b）。

步骤三：切末

再将碎块斩碎成末即可。见图 1–2–18（c）。

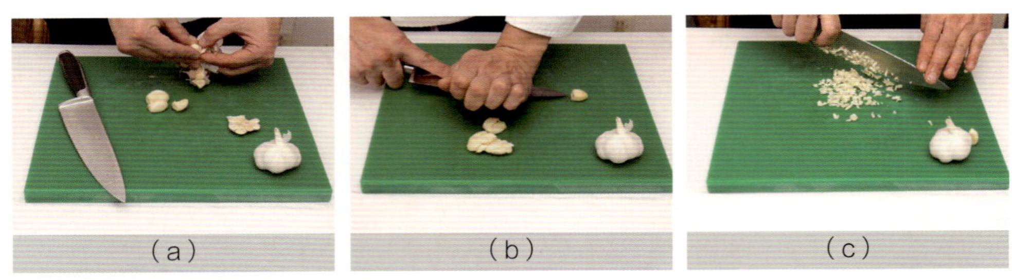

图 1-2-18　大蒜切末

四 技能实训

按照操作步骤进行蒜末的加工，并按照质量标准完成质量对比表（表 1-2-12），分析得失原因。

表 1-2-12　蒜末加工质量对比表

序号	成品质量要求	质量对比	原因分析	分值	得分
1	整理：蒜剥去外皮，纵切成两半，摘除蒜芽	□符合要求 □不符合要求		50	
2	切末：用刀侧面压住蒜瓣，用手拍压刀面，将蒜拍成碎块，再将碎块斩碎成末	□方法正确 □方法不正确		50	
合计				100	

五 问与答

为什么蒜末放久了会变绿？变绿的蒜末还能吃吗

解答：葱蒜之类的植物生命力很强，切碎后还在继续光合作用，所以会变绿。虽然能吃，但为了不让营养流失，尽量不要将切碎的蒜末闲置太久。

炒菜时放蒜末，除了美味以外对菜肴还有什么好处和营养？

解答：大蒜含有几十种有益的成分，作为菜肴配料除了调味以外还有食疗作用，包括：消炎杀菌、降血脂和预防肿瘤等。

大蒜是战争时期的药草奇兵

两千多年前，凯撒大帝远征欧非大陆时，命令士兵每天服1头大蒜以增强气力，抗御疾病。时值酷暑，瘟疫流行，对方士兵得病者成千上万，而凯撒士兵无一染疾腹泻。仅用短短几年时间凯撒大帝便征服了整个欧洲，建立起当时最强大的古罗马帝国。

第一次世界大战中，大不列颠帝国的军需部门曾购买十吨大蒜榨汁，作为消毒药水涂于纱布或绷带上医治枪伤，以防细菌感染。

第二次世界大战中，由于药品的严重缺乏，许多国家的军医都使用大蒜为士兵治疗伤口，当时，前苏联军队曾誉称大蒜汁为"盘尼西林"。

在抗日战争的艰苦岁月中，八路军和新四军的军医也常用大蒜防治感冒、疟疾及急性胃肠炎等疾病，增强革命战士的体质。

任务13 蔬菜末（芫荽末）的原料加工

一 任务描述

芫荽（coriander）嫩茎和鲜叶有种特殊的香味，常被用作菜肴的点缀、提味之品，是人们喜欢食用的佳蔬之一。

二 原材料

从菜市场购买的未加工的芫荽。见图1-2-19。

图1-2-19 未加工的芫荽

原料知识

芫荽，别名胡荽、香菜、香荽。状似芹，叶小且嫩，茎纤细，味香郁。

芫荽中含有许多挥发油，其特殊的香气就是挥发油散发出来的。它能祛除肉类的腥膻味，因此在一些菜肴中加些芫荽末，即能起到祛腥膻、增味道的独特功效。

芫荽含维生素C、胡萝卜素、维生素B_1、B_2等，同时还含有丰富的矿物质，其所含的胡萝卜素要比番茄、菜豆、黄瓜等高出10倍多。

三 加工步骤

步骤一：整理

将芫荽叶摘下，洗净。见图 1-2-20（a）。

步骤二：切末

用刀斩碎成末。见图 1-2-20（b）。

步骤三：清洗

用干净纱布包好，浸清水后洗出浆汁，并挤出水分，抖散即可。见图 1-2-20（c）。

（a）（b）（c）

图 1-2-20　芫荽切末

四 技能实训

按照操作步骤进行芫荽切末的加工，并按照质量标准完成质量对比表（表 1-2-13），分析得失原因。

表 1-2-13　芫荽切末质量对比表

序号	成品质量要求	质量对比	原因分析	分值	得分
1	整理：将芫荽叶摘下，洗净	□符合要求 □不符合要求		50	
2	切末：芫荽叶切碎成末后，用干净纱布包好，浸清水后洗出浆汁，并挤出水分，抖散	□方法正确 □方法不正确		50	
合计				100	

五 问与答

芫荽可食用部分是茎还是叶？

解答：芫荽的茎、叶都可以食用，或作为调香料，起到祛腥膻、增味道的功效。

新鲜芫荽怎么洗比较好？

解答：洗新鲜芫荽，不可用力搓洗。另外，最好在食用前清洗，否则其香味会在短时间内流失。

芫荽的清洗方法

（1）把芫荽的烂叶、残叶剔除。

（2）清洗芫荽的叶子，仔细洗掉芫荽叶子上的杂质（泥土、灰尘、虫子等），然后倒掉盆里的水。

（3）洗芫荽根，一般用拇指搓洗干净就可以了，如果不需要根茎，可以直接剔除。

（4）根部的茎叶清洗，一只手拿住芫荽另一只手拉开芫荽的茎叶，可以放在水里搓洗，也可以用水冲洗，直到洗净为之，不要反复清洗。洗好后将芫荽放在盘子里。

如果感觉洗得还是不怎么干净，可以给芫荽洒上适量面粉（覆盖芫荽表面的百分之七十五），用手将其和面粉混合均匀，放置几分钟，用水冲洗掉芫荽上的面粉。或者加适量的盐浸泡10分钟左右，再用清水洗干净，注意不可浸泡太久，否则芫荽的鲜味会流失。

任务 14　土豆丝的原料加工

一 任务描述

土豆丝在西餐中是百搭的菜型。刀工不用很考究，烹调火候的控制也不严格。

二 原材料

从菜市场购买的未加工的土豆。

三 加工步骤

步骤一：整理

将土豆洗净，去皮。

步骤二：切片

切成 1 ~ 2 毫米厚的片。见图 1–2–21（a）。

步骤三：切丝

将片再切成 1 ~ 2 毫米宽的细长丝。见图 1–2–21（b）。

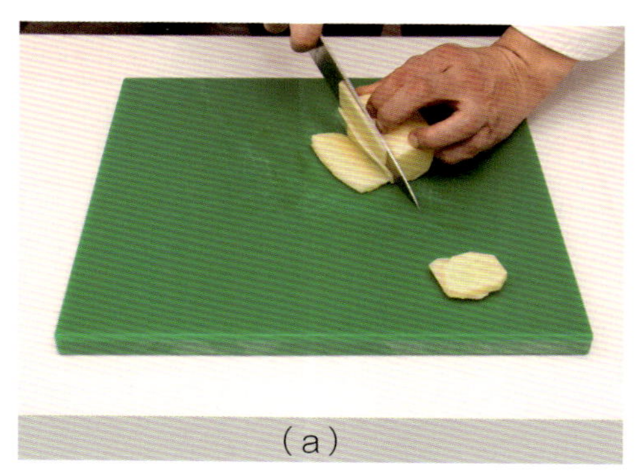

（a）

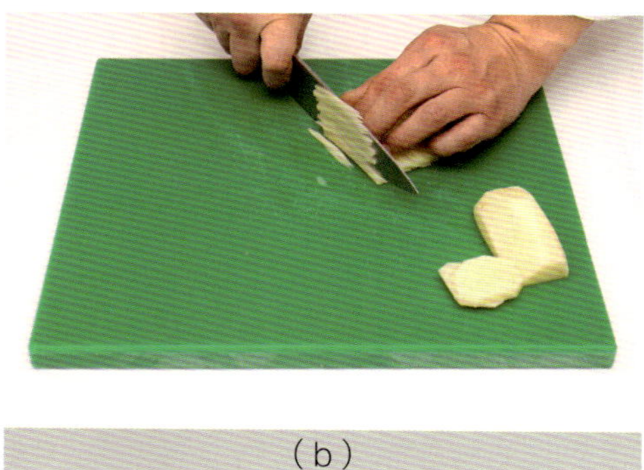

（b）

图 1-2-21　土豆切丝

四 技能实训

按照操作步骤进行土豆切丝的加工，并按照质量标准完成质量对比表（表 1–2–

14），分析得失原因。

表 1-2-14　土豆切丝质量对比表

序号	成品质量要求	质量对比	原因分析	分值	得分
1	整理：土豆洗净，去皮	□符合要求 □不符合要求		40	
2	切丝：将去皮土豆切成 1～2 毫米厚的片，再将片切成 1～2 毫米宽的细长丝	□方法正确 □方法不正确 □长度、粗细一致 □长度、粗细不一致		60	
合计				100	

五　问与答

用刀切出来的土豆丝和用擦丝器擦出来的土豆丝，炒熟后吃起来有区别吗？

解答：口感区别很明显，炒熟后刀切土豆丝的口感比擦丝器擦出来口感好很多，那是因为对组织细胞破坏的方式不同，就像有些菜用手掰的比用刀切的口感好。

切土豆丝，菜刀有讲究吗？

解答：有讲究，专门切丝的刀要薄而快。

任务 15　土豆条的原料加工

一　任务描述

炸土豆条是西餐中常见的菜品，属于小吃。

二　原材料

从菜市场购买的未加工的大个土豆。

三　加工步骤

步骤一：整理

选大个土豆洗净，去皮。

步骤二：切片

用菜刀顺长切成 1 厘米厚的片。

步骤三：切条

再将片用菜刀切成长 5 厘米、粗 1 厘米左右的条。见图 1-2-22。

图 1-2-22　土豆切条

四　技能实训

按照操作步骤进行土豆切条的加工，并按照质量标准完成质量对比表（表 1-2-

15），分析得失原因。

表 1-2-15 土豆切条质量对比表

序号	成品质量要求	质量对比	原因分析	分值	得分
1	整理：土豆洗净，去皮	□符合要求 □不符合要求		40	
2	切丝：将去皮土豆用菜刀顺长切成 1 厘米厚的片，再将片切成长 5 厘米、粗 1 厘米左右的条	□方法正确 □方法不正确 □长度、粗细一致 □长度、粗细不一致		60	
合计				100	

五 问与答

土豆条要怎么炸才会酥脆？

解答：土豆条用开水焯两到三分钟，盛起；用凉水过凉之后摊开，让水充分沥干，待土豆条变凉之后放入冰箱冷冻室速冻。要吃的时候取出来放进油锅炸到金黄即可起锅。

土豆条是否裹粉炸比较好，为什么？

解答：是的，裹粉炸更有利于健康。高温烹调淀粉类食物会产生致癌物丙烯酰胺，如果裹粉炸的话至少会降低 5 成左右的丙烯酰胺产生。

为什么美国人将薯条（chips）称为法式炸薯条（French fries）

很多人都知道薯条的英文是"chips"，但美国人却称之为"French fries"。其实它真正的来源地是比利时。早在1680年比利时人就开始制作这种薯条了。第一次世界大战时美国士兵在比利时吃到这种薯条，觉得特别美味，从而流行起来。之所以称其为"French"，是因为当时比利时军队的通用语言是法语，美国士兵想当然以为是"法国的薯条"了。

任务 16 蔬菜橄榄球的原料加工

一 任务描述

蔬菜橄榄球加工难度较大，用削的刀工技法，要求大小一致，表面光滑。其形状较小，适合加工土豆、胡萝卜等肉质较厚的蔬菜。

二 原材料

从菜市场购买的未加工的胡萝卜。

三 加工步骤

步骤一：整理

将胡萝卜洗净去皮后，切成长 3 ～ 4 厘米、宽 2 厘米、高 2 厘米左右的长方块。见图 1–2–23（a）。

步骤二：切削

用小刀将胡萝卜块削成长 3 ～ 4 厘米，中间高 1 ～ 2 厘米的形似大半个橄榄的小橄榄球即可。见图 1–2–23（b）。

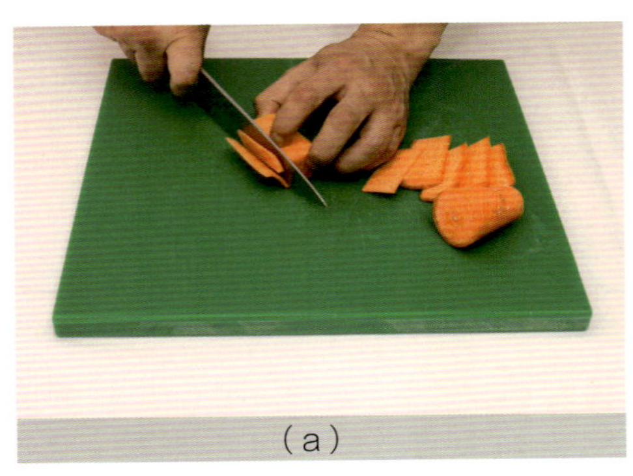
（a）

（b）

图 1–2–23 胡萝卜切削成橄榄球

四 技能实训

按照操作步骤进行胡萝卜切削成橄榄球的加工，并按照质量标准完成质量对比表（表 1–2–16），分析得失原因。

表 1–2–16　胡萝卜切削成橄榄球质量对比表

序号	成品质量要求	质量对比	原因分析	分值	得分
1	整理：将胡萝卜洗净去皮后，切成长 3 ~ 4 厘米、宽 2 厘米、高 2 厘米左右的长方块	□符合要求 □不符合要求		50	
2	切削：用小刀将胡萝卜块削成长 3 ~ 4 厘米，中间高 1 ~ 2 厘米的形似大半个橄榄的小橄榄球	□方法正确 □方法不正确 □大小一致 □大小不一致		50	
合计				100	

五　问与答

削橄榄形胡萝卜是否比较难？在刀法上有没有讲究？

解答：的确很难，因为胡萝卜的质地密实，再快的刀切下去也会感觉手底下不顺畅，直刀尚且如此，何况橄榄形是需要有弧度的。力度的把握，刀与手的位置配合都是关键。要一刀到底保持弧度，还要让刀痕看起来笔直流畅。

为什么要将胡萝卜切成橄榄形？

解答：仅仅是为了看起来漂亮。胡萝卜稍稍变身会大大吸引食用者特别是孩子们的眼球，从而增进其食欲。

西餐的蔬菜切削

蔬菜属植物类草本植物，含水分较多，质地脆嫩，便于切配加工。西餐中蔬菜加工的刀法主要是削和直刀切。加工成的形状有块、段、条、片、丝、粒以及圆形、腰鼓形、橄榄形等。

（1）叶菜类的切割

蔬菜的叶片很薄，水分充足，非常容易切割。西餐常用的叶菜有卷心菜、菠菜、生菜等。叶菜类切割后的形状主要有以下几种。

①丝。术语是 chiffonade，常用来制作法式蔬菜沙拉，要求切得很细。

②片。术语是 minestrone，约 2 厘米见方，意大利杂菜汤里的蔬菜形状就是如此。

③随意形状。小型的叶菜做配菜时，往往去掉叶柄即可。另外在制作沙拉时，西餐厨师一般不用刀切生菜，而是用手随意将其撕成小片，因为刀切的生菜，其切口处易氧化变色，并有金属气味。

（2）根茎类蔬菜的切割

西餐中根茎类蔬菜的加工最复杂，技术要求高，工作量也大。常用的根茎类蔬菜有土豆、胡萝卜、萝卜、红菜头、芦笋等。

按照西菜的传统方法，被切割后的原料有以下几种形状。

①粒。为四方形的小丁，主要用来装饰菜系，术语为 brunoise。

②丁。分两种，一种较小一些，约 1 厘米见方，如配菜中的蔬菜丁，术语为 jardinière；一种较大一些，约 1.5 厘米见方，如什锦蔬菜沙拉中的丁，术语为 macedonian。它们都是正立方体。

③丝。较细，约 5 厘米长，术语是 vegetable julienne。土豆丝的术语是 straw potatoes，略粗一些土豆丝的术语是 matchstick potatoes。

④条。指截面为正方形的长条，按照原料和粗细、长短不同，有不同要求。术语是 vegetable sticks，为蔬菜条的总称，约 5 厘米长。potato mignonnetts，指的是较小的土豆条，约 3-4 厘米长。 french fries，指的是法式土豆条。

⑤片。片分薄片、厚片。西菜中传统的蔬菜片形态如下。

A. potato chips，指切得很薄的炸薯片。

B. potato savoy style ，指较厚的、用香草煎熟的土豆片。

C. souffle potaoes ，指先将土豆切成正方体后，再切成片的土豆，比薄土豆片要厚一些。加工这种土豆片时，要选择粉质、水分多些的土豆，以便在深油炸时，内部容易充气而膨胀，像枕头一样。

D. vegetable matignon，指的是小块的象眼形的蔬菜片。

⑥块。蔬菜原料加工成形的块主要有方块、滚料块。传统的成形原料及术语有 potatoes maxim 和 mirepoix，前者指土豆方块，后者是滚料块。

⑦腰鼓形土豆。腰鼓形土豆分大小两种，大的叫 potatoes fondante，即方墩土豆，小的叫 potatoes chateau，即粗橄榄形土豆。这种土豆加工难度较大，用削的刀工技法，要求大小一致，表面光滑。

⑧橄榄形土豆。这种形状与腰鼓形土豆的加工方法相似，其形状较小，胡萝卜等其他肉质较厚的蔬菜也可以加工成这种形状。

⑨坚果形土豆。这种形状也较难加工，它的形态如坚果的果实，近似圆形。

⑩球形土豆。使用特殊的金属球刀，将土豆挖成一个个小圆球。由于有特殊的挖球工具，所以加工起来很方便，且大小一致。

除了以上介绍的几种常见的蔬菜形状外，还有许多用特殊小工具切削出的蔬菜形状，如锯齿形的、华夫饼形的等。西餐蔬菜切削的方式与时俱进，不断趋于多样化。

想一想 练一练

一、单项选择题：

1. 胡萝卜、芹菜、辣根、红菜头等蔬菜大都应（　　）成丝。

（A）逆纤维方向切（B）顺纤维方向切（C）随意切（D）用手撕

2. 菠菜、生菜、卷心菜等叶菜类蔬菜，由于质地脆嫩，大部分应（　　）成丝。

（A）逆纤维方向切（B）顺纤维方向切（C）随意切（D）用手撕

3. 洋葱做辅料的时候一般都（　　）。

（A）切成丁（B）榨成汁（C）不用切割（D）碾成粉末

4. 卷心菜从（　　）按顺序食用会保存很长时间。

（A）顶端到根部（B）根部到顶端（C）内层到外层（D）外层到内层

5. 意大利杂菜汤里的蔬菜形状是（　　）。

（A）块（B）丝（C）片（D）丁

6. 土豆条的截面应该是（　　）的。

（A）圆形（B）椭圆形（C）正方形（D）正三角形

7. 蔬菜橄榄球的加工难度较大，要求用（　　）加工。

（A）切的刀工技法（B）削的刀工技法（C）剁的刀工技法（D）专用工具

二、连线题：

1. 蒜末的加工步骤是：

步骤一　　　　将蒜纵切成两半。

步骤二　　　　摘除蒜芽。

步骤三　　　　去皮。

步骤四　　　　用刀侧面压住蒜瓣，用手拍压刀面，将蒜拍成碎块。

将碎块斩碎成末。

2. 将下列不同的蔬菜与其恰当的切割方法相对应

A. 卷心菜	切末
B. 芫荽	切片
C. 红菜头	切丝
D. 洋葱	切条
E. 土豆	切丁

三、思考题：

1. 为什么说烹饪任何菜肴，都很难离开刀工这道重要的工序？

2. 按照西菜的传统方法，被切割后的原料大体有几种形状？西餐中哪类蔬菜的刀工加工最复杂，技术要求最高？

项目二

畜肉原料的处理

导学

畜肉指猪、牛、羊等大牲畜的肌肉、内脏及其制品，可供给人类各种氨基酸、脂肪、矿物质和维生素。畜肉消化吸收率高，饱腹作用强，可加工烹调制成各种美味佳肴。

西餐中常用的畜肉类原料主要有牛肉、羊肉和猪肉等，既有新鲜的，也有冷冻的。

鲜肉指屠宰后尚未经过任何处理的肉类。鲜肉最好即时使用，以免因贮存时间过长而造成营养素及肉汁的损失。如暂不使用，应先按要求分档，然后贮存于冷库。

冻肉解冻应遵循缓慢解冻的原则，以使肉中冻结的汁液恢复到肉组织中，从而减少营养成分的流失，同时也能尽量保持肉的鲜嫩。

畜肉类原料不同部位的成分和理化性质是不同的，一般地说，肉胴体的前部和下部结缔组织较多，肉纤维也较粗硬，含水分少，肉质老，肉胴体的上部和后部，结缔组织较少，含水分多肉纤维较细，肉质也较嫩。

对畜肉类原料进行分档，就是把不同部位的肉分别取下，以便根据其特点恰当使用，这样既保证了材料的质量，又可以节约原料，降低成本，做到物尽其用。

模块一　牛肉原料的加工

学习目标

1. 能熟知牛肉原料的分档。
2. 学会对不同部位的牛肉原料进行去筋膜、整形、修清、切割等整理工作。
3. 能根据不同的牛肉成品选择不同的切分方式与厚度。
4. 能鉴别牛肉的新鲜度。

西餐在牛肉的使用上很讲究，一般把牛肉分为5级，根据不同的肉质恰当选用。

特级肉是指牛的里脊。因为这个部位很少活动，所以肉纤维细软，是牛肉中最嫩的部分。里脊在西餐中用来做各种高级的菜，如煎里脊扒、奶油里脊丝、铁扒里脊等。

一级肉是牛的脊背部分，包括外脊和上脑两个部位。这部分肉肥瘦相间，肉质软嫩，仅次于里脊，也是优质原料。用来做上脑肉扒、带骨肉扒、烤外脊等最为适宜。

二级肉是牛后腿的上半部分，其中包括米龙盖、米龙心、黄瓜肉、和尚头等部位。米龙盖肉质较硬，适宜焖烩；米龙心肉质较嫩，可代替外脊使用；和尚头肉质稍硬，但纤维细小，肉质也嫩，可做焖牛肉卷、烩牛肉丝等。

三级肉包括前腿、胸口和肋条。前腿肉纤维粗糙，肉质老硬。一般用于绞馅，做各种肉饼。胸口和肋条肉质虽老，但肥瘦相间，香浓味美，用来做焖牛肉、煮牛肉最为合适。

四级肉包括脖颈、肚脯和腱子。这部分肉筋皮较多，肉质粗老，适宜煮汤。腱子肉还可酱制。

五级肉是牛的尾巴。成年牛尾一般重 2 千克。牛尾的皮和骨节间富含胶质，肉质坚硬，有肥有瘦，筋很多，结缔组织丰富，必须长时间煮和焖才能变软。牛尾可以用来做汤或做烩牛尾、咖喱牛尾等菜。

另外，西餐选用牛肉的最大特点是非常讲究用小牛肉和奶牛肉。

小牛是指出生 2.5 ~ 10 个月的牛。小牛肉质细嫩，汁液充足，脂肪少。它的里脊除适宜煎炒外，更适合做炭烤里脊串。小牛的后腿，除用于煎、炒、焖、烩外，还可以做烤小牛腿。小牛的脖颈和腱子可以煮吃，清爽不腻，十分佳美。小牛核是小牛的膵脏，位于颈胸部之间。小牛核呈扁圆形，形状很像核桃仁。该器官脂肪含量很高，肉质十分柔软，属高档原料。另外，小牛腰子质量非常好，超过成年牛、羊、猪的腰子。未断奶的小牛腰子呈红褐色，有光泽，没有异味，外面包着一层很厚的脂肪，重量约为 1 千克。小牛腰子几乎不含筋膜，肉质十分柔软。

奶牛是指出生两个月以内的牛犊。奶牛肉质极嫩，而且汁液充足，脂肪少，在西餐中被认为是牛肉中的最上品，用途很广，煎、炒、烤、焖均可。

任务 1　牛前腰脊肉的切割

一　原料描述

牛前腰脊肉（steak ready strip loin）是肋骨第 13 根至腰脊第 5 根间带侧唇的肋骨腰里脊肉，肋骨端与腰骨端的唇长均为 25 毫米。前腰脊肉的里脊肉眼上部与覆盖的背脂肪间有较厚的背板筋。里脊肉眼的肉质均一柔嫩，富含脂肪纹路，色泽明亮，且脂肪与瘦肉的平衡度良好。见图 2–1–1。

图 2–1–1　牛前腰脊肉原料肉

二　加工步骤

步骤一：整形

整形，使其背部脂肪的厚度为 12 ～ 13 毫米。

步骤二：去肌膜与软骨

去除附着于上的肋骨肌膜与软骨。

步骤三：去板筋与再整形

先去除背板筋，接着整形背脂肪至 7 厘米厚。

步骤四：切分

按厚度的不同切出厚切牛排（即纽约客牛排，25 ～ 30 毫米）、一般牛排（即骰子牛排，15 ～ 20 毫米）、薄片牛排（即迷你牛排，10 ～ 12 毫米）、极薄片牛排（即照烧牛排，7 ～ 8 毫米），分别如图 2–1–2（a → d）所示。

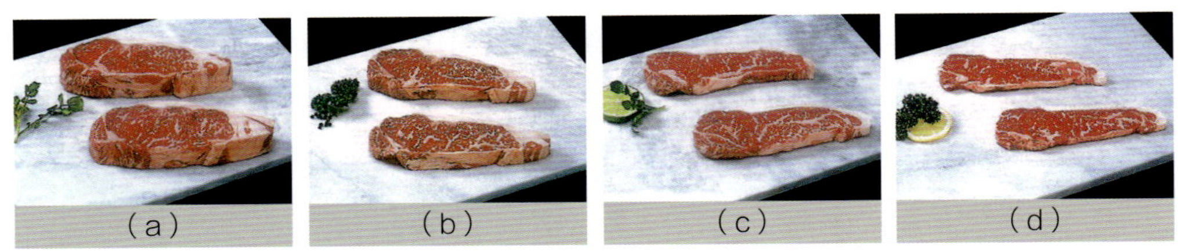

图 2-1-2　加工后的前腰脊肉牛排

三 技能实训

按照操作步骤进行牛前腰脊肉的切割，并按照质量标准完成质量对比表（表 2-1-1），分析得失原因。

表 2-1-1　牛前腰脊肉的切割质量对比表

序号	成品质量要求	质量对比	原因分析	分值	得分
1	整形：使其背部脂肪的厚度为 12 ~ 13 毫米	□符合要求 □不符合要求		25	
2	去肌膜与软骨	□合适 □不够 □过度		25	
3	去板筋与再整形	□合适 □不够 □过度		25	
4	切分：按厚度的不同切出厚切牛排、一般牛排、薄片牛排、极薄片牛排	□厚薄恰当 □厚薄不恰当		25	
合计				100	

四 问与答

什么叫纽约客牛排？其肉质特点是什么？吃起来口感怎样？

解答：纽约客牛排取自牛只的前腰脊肉部位，由于此部位运动量稍多，因此肉质较紧实，其油花分布均匀，油脂含量介于肉眼与菲力之间，具丰富牛肉风味，适合豪迈地品尝，嚼起来富有肉感非常过瘾，建议三分熟度。在美国纽约客是在牛排馆、Club 常见的牛排使用部位，也称 Club Steak。

三分熟牛排是不是带血水的？

解答：不是的。正宗的三分熟牛排是看不到血水的，只看得到漂亮的焦棕褐色，表面浮渗着香甜的肉汁，嫩汪汪绝对很诱人。下刀切开后，看到的也不会是胆颤心惊的鲜红色，而是火腿肠般的暗红色，品尝起来，入口只需轻轻嚼动便温润即化，留下满口的鲜甜余香，这才是“三分熟”。

牛排几分熟的英文表述

Raw	几乎生的（但绝不会是全生的，而是外熟内温）
Rare	三分熟
Medium-rare	三至四分熟
Medium	五分熟
Medium-well	七至八分熟
Well-done	全熟

牛排的介绍

牛排是牛肉的特色切件，为满足不同食感的顾客，具有多个部位、多种形状的组合，常见的有带骨肋排、肉眼、西冷、T骨（丁骨）、菲力、板腱等。

1. 带骨肋排 / 肋排 （rib chop / rib steak）

这个带骨的切件部位，能满足从肉味到肉汁的称心。肋排被认为是牛肉中最柔嫩的部位之一，并以综合了丰厚的肉味和上佳的摆盘效果而著名。带骨肋排和肋排适合大胃口顾客的选择，与醇厚的红葡萄酒配合则口味更佳。

2. 肉眼牛排 （rib eye）

肉眼是肋排部分中心的无骨牛排切件。肉眼被认为是传统牛排中，带有最丰富油花、肉汁和浓厚牛肉味的部位。

3. 西冷牛排 （strip loin）

西冷是传统牛排中最受欢迎的部位，更是菜单上的热门精选。西冷的特点是综合了实在的肉质和细致的油花，兼具肉味和柔嫩。西冷牛排的特色菜常常包括配肴和汁酱，如黑胡椒玉米汁、红酒汁和海鲜配菜。西冷常被推介给客人，作为享用较多精肉而较少油分的用餐之选。

在北美市场，西冷亦被称为New York 或 Kansas City 牛排。西冷牛排可带骨或不带骨。

4. porterhouse / T骨牛排 （T-bone）

Porterhouse和T骨牛排是来自前腰脊的后部，其特色是T骨的一边是西冷肉，另一边是牛柳肉。Porterhouse比T骨的优点是带有更多的西冷肉量和牛柳肉量，为牛排爱好者的精选。这种牛排综合了西冷的丰厚肉味和牛柳的柔嫩，是较大胃口顾客的称心选择。

5. 牛柳 / 菲力（tenderloin）

牛柳或免翁牛柳（filet mignon）被认为是传统牛排中最柔嫩的部位。其特点是肉质柔软，带有较少油花，因此口味既精瘦又柔嫩。牛柳适合较小胃口或偏好柔嫩的顾客。牛柳不应煎至超过半熟程度，这样才能保有肉汁口感。

6. 板腱（flat iron）

板腱自肩胛中切出，是传统肋脊、腰脊或后腰脊等部位之外的优质牛排。板腱牛排的特点是柔嫩，肉质结实又有良好油花度，且肉味浓郁。其上碟方式多样，无论烧烤、切片做色拉，还是配成三明治馅料，口味俱佳。板腱牛排更适宜以腌料增加调味，为菜式添加多样化组合。

任务2　牛肉眼的切割

一　原料描述

牛肉眼是自去颈下肩胛眼肉卷开始与下肩胛翼板肉分离所得之肩里脊肉的中心部分，即第1～第5肋骨间的肩里脊肉中心部分。瘦肉中常有脂肪纹路，连接臀部里脊肉中心部位的肉质极其柔嫩。其表面脂肪少，肉纤维走向统一，可以以手工方式切出薄片。为防止肉眼的分离及形状的崩解，应先切薄片再整形。见图2-1-3。

图2-1-3　牛肉眼原料肉

二　加工步骤

步骤一：分档

将肩里脊肉内侧第3～第5肋骨部分切作牛排用，将第1～第3肋骨部分切作烤肉用。

步骤二：切肉眼牛排

第3～第5肋骨部分，切作牛排用，切片厚度为15～20毫米，如图2-1-4（a）。

步骤三：切肉眼烤肉

第1～第3肋骨部分，切作烤肉用，切片厚度为5～8毫米，如图2-1-4（b）。

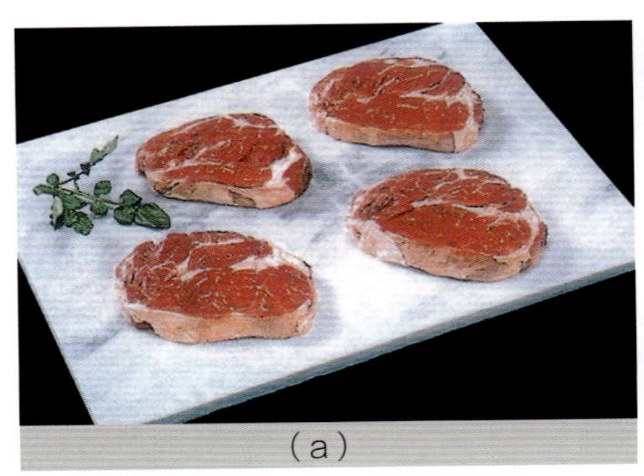
（a）

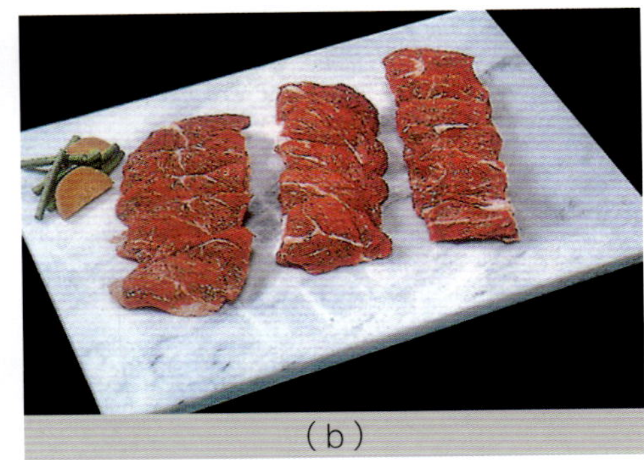
（b）

图 2-1-4 加工后的肉眼牛排和肉眼烤肉

三 技能实训

按照操作步骤进行牛肉眼的切割，并按照质量标准完成质量对比表（表 2-1-2），分析得失原因。

表 2-1-2 牛肉眼的切割质量对比表

序号	成品质量要求	质量对比	原因分析	分值	得分
1	分档：将肩里脊肉内侧第 3 ~ 第 5 肋骨部分切作牛排用，将第 1 ~ 第 3 肋骨部分切作烤肉用	□分割正确 □分割不正确		40	
2	切肉眼牛排：第 3 ~ 第 5 肋骨部分切作牛排用，切片厚度为 15 ~ 20 毫米	□合适 □过厚 □过薄		30	
3	切肉眼烤肉：第 1 ~ 第 3 肋骨部分切作烤肉用，切片厚度为 5 ~ 8 毫米	□合适 □过厚 □过薄		30	
合计				100	

四 问与答

牛肉中的肉眼是否指牛眼睛部位的肉？

解答：不是的。肉眼取自牛的肩里脊肉的中心部分，因其整块牛肉中有一小块肥肉，有点像眼睛的样子，所以得此名称。

为什么肉眼的肉质极其柔嫩？

解答：由于牛只的这部分肌肉不会经常活动，所以肉质十分柔软、多汁，并且均匀地布满雪花纹脂肪。

西餐厅通常采用冷冻牛肉还是冷藏牛肉

标准西餐厅采用的是冷藏牛肉，即从工厂出品，经过运输到切割烹调前，全程都以0℃～2℃低温监控，以保持牛肉的鲜嫩风味。其美味程度比起冷冻牛肉来，差异显然。

任务 3　牛上后腿肉（去皮盖肉）的切割

一　原料描述

牛上后腿肉（beef inside round）是后腿内侧部分，大腿骨尾端的坐骨及尾椎侧部的去皮盖头。上后腿肉属大块肉，肉质因部位不同而异。其共性是肉纤维较细，走向均一。肉色稍浓，变色较快。见图 2-1-5。

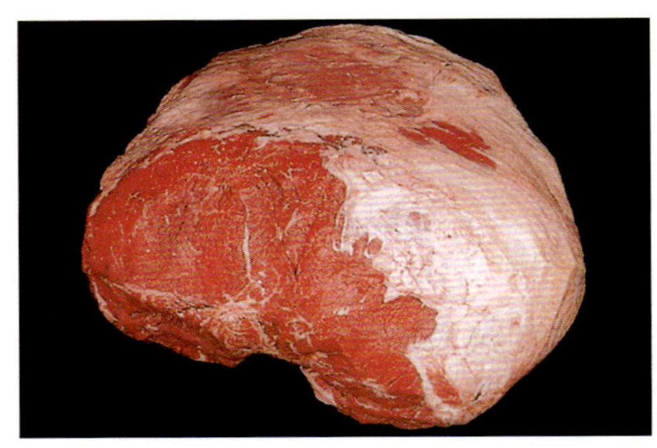

图 2-1-5　牛上后腿肉原料肉

二　加工步骤

步骤一：整理

先去除筋膜、多余的脂肪和腿肉内侧咬合的血管。

步骤二：改刀

使用中心部分至腿内侧的精肉，切成熏烤牛肉用的柔嫩大块肉，要求形状工整。

步骤三：切块

使用原料肉的中心部分，切成生牛肉片使用的形状工整的块状肉，如图 2-1-6 所示。

图 2-1-6　加工后的牛上后腿肉

三 技能实训

按照操作步骤进行牛上后腿肉的切割，并按照质量标准完成质量对比表（表 2-1-3），分析得失原因。

表 2-1-3　牛上后腿肉的切割质量对比表

序号	成品质量要求	质量对比	原因分析	分值	得分
1	整理：去除筋膜、多余的脂肪和腿肉内侧咬合的血管	□符合要求 □不符合要求		40	
2	改刀：使用中心部分至腿内侧的精肉，切成熏烤牛肉用的柔嫩大块肉，要求形状工整	□工整 □不工整		30	
3	切块：使用原料肉的肉眼部分，切成生牛肉片使用的形状工整的块状肉	□工整 □不工整		30	
合计				100	

四 问与答

牛上后腿肉的原料肉适合烹制哪些菜肴？

解答：除熏烤牛肉和生牛肉片以外，上后腿肉的原料肉也可用来烹制牛排、咖喱牛肉和红烧牛肉等。但不太适合作为涮肉，因其在炖煮时肉汁较易流出。

用牛上后腿肉可以烹制牛排吗？有什么讲究吗？

解答：可以的。不过，上后腿肉口感较韧，虽然和菲力牛排有些相似，但肉质比较粗且硬实，处理时一般是先去筋，或以拍打方式来加以嫩化，然后再做成牛排。

牛肉的熟成

1. 定义

牛肉熟成（beef aging）是一种加工处理牛肉的过程，主要是为了打散肌肉内的结缔组织。

2. 干式熟成牛肉（dry-aged beef）

是指吊挂并且经过几个星期风干后的牛肉。牛被屠宰与清理后，大多会被分割成不同部位的大切块放进冷藏库。只有较高等级的牛肉会以干式熟成的方式处理，因这样的处理将耗费可观的费用，一般很少见到干式熟成牛肉在牛排餐厅或高档肉品贩卖店之外贩售。干式熟成的最主要效果是让牛肉天然的风味更佳。牛肉的熟成过程借由两种方法来改变牛肉肉质。第一，水分从牛肉的肌肉组织内蒸发出来，使牛肉的风味更加浓重。第二，牛肉本身含有的酶会打破肌肉内的结缔组织，使肉质变得更软嫩。牛肉的酶和外界微生物交互作用改进了牛肉的嫩度（tenderness）、风味（flavor）和多汁性（juiciness）。

干式熟成的牛肉在市场上是很罕见的，因为在熟成的过程中会损失很多的重量。 干式熟成的过程通常也助长了真菌或霉菌在肉体表面的增长，但这并不代表肉质腐败，因为肉体表面会生成一层外壳硬皮，而这一部分在烹调食用前会被切除掉。这些真菌会辅助牛肉内的酶去软化肉质与增进肉的风味。

3. 湿式熟成牛肉（wet-aged beef）

是指在真空密封包装内熟成并保持肉质水分的牛肉。这种方法目前在美国比较普遍，湿式熟成之所以普遍流行是因为它耗费较少的时间（通常只需要几天），并且在熟成过程中没有任何重量损失。相较之下，干式熟成花费 15 ~ 28 天，水分蒸发后会损失 1/3 以上的重量。

4. 熟成牛肉的特点

（1）熟成有助于增加牛肉的嫩度

一般而言，牛屠宰之后，牛肉的嫩度骤减，牛的肌肉逐渐变僵硬，并于屠宰后的 6 ~ 12 小时变成完全僵硬。但是牛肉在熟成的过程中，本身所含有的蛋白酶开始作用，逐渐崩解牛肉的胶原组织及肌肉纤维，这个酶作用让牛肉自然软化并大大地提高了牛肉的嫩度。随着时间日增，至屠宰后的第十一天，牛肉的嫩度达到最佳状态。

（2）熟成丰富了牛肉的风味

干式熟成的牛肉因接触空气而快速分泌酶、分解蛋白质，使得牛肉呈现如同醇酒般的发酵风味。从干式熟成的第十一天起，牛肉真正的风味开始孕育，并随着时间的增加变得更浓郁。进入第三周之后，牛肉因为风干而造成大量水分蒸发后，肉香更集中、更醇，此时的牛肉除了淡淡的发酵风味之外，还多了点野性的味道。受到真空包装的限制，湿式熟成牛肉风味的变化虽不似干式熟成那么显著，但本身的天然酶作用仍可增添牛肉的风味。使用未经熟成的牛肉烹调的餐点，始终有种令人皱眉的刺鼻味；而使用经过熟成的牛肉，结果则截然不同。熟成丰富了牛肉的口感与风味。

（3）熟成让牛肉口感更多汁

干式熟成期间，外层的牛肉与表皮油脂因水分丧失风干变硬，形成如金华火腿一般的硬壳，有助于“锁住”内部的水分，使内部仍维持着鲜肉般的质地。内部的水分因纤维组织的崩解更易渗透融入肌肉组织，因此熟成过的牛肉会比未熟成的更多汁、香甜。湿式熟成主要的优点是真空包装取代了干式熟成过程中因风干而生成的硬壳，如此一来，不仅降低了熟成的成本，也避免了因干式熟成处理过程大量水分流失而造成的损失。

（4）干式熟成牛肉价格昂贵有道理

牛只屠宰后，准备进行干式熟成的牛屠体或肉块会马上被移入熟成室冷却，由于水分被风干，此时牛肉的重量会减少 2%~3%。此后以每 7 天减少 1%~1.5% 的比率持续脱水减重。表皮油脂层较薄的肉块，脱水的情况比表皮油脂层较厚的肉块更剧烈。研究显示，在摄氏零度的冷藏室中经过风干脱水之后，肉块损失将近 18% 的重量。牛肉经过干式熟成后，表皮层因风干变硬无法食用，必须经过清修之后才能烹调，此时可能仅剩下原有的七成至八成左右，这是干式熟成牛肉价格向来十分昂贵的原因。

（5）湿式熟成牛肉经济实惠

由于湿式熟成是借由牛肉在冷藏运销期间，在真空袋内自行进行熟成作用，不似干式熟成必须存放在恒温、恒湿，具有紫外线灭菌器的冷藏熟成室，并依赖经验丰富的专业人员来监控熟成的状态，也不必损失将近 20%~30% 的原料牛肉，因此湿式熟成牛肉的价格向来比较经济实惠，较切合一般消费市场。湿式熟成成本较低，消费者在超市所买到的牛肉皆为此类。

（6）熟成牛肉味道完美

不论干式熟成或湿式熟成，都利用牛肉本身含有的酶进行熟成作用，以增添牛肉风味、提升嫩度与含汁性。唯有经过熟成，才能让牛肉呈现出最完美的味道。

任务 4　牛肋条的切割

一　原料描述

牛肋条（rib finger meat）是第 1 ～第 13 肋骨各肋骨间所夹带的精肉的总称。由于包装及切割规格的不同，其肉质、长度、形状等也有所不同。见图 2-1-7。

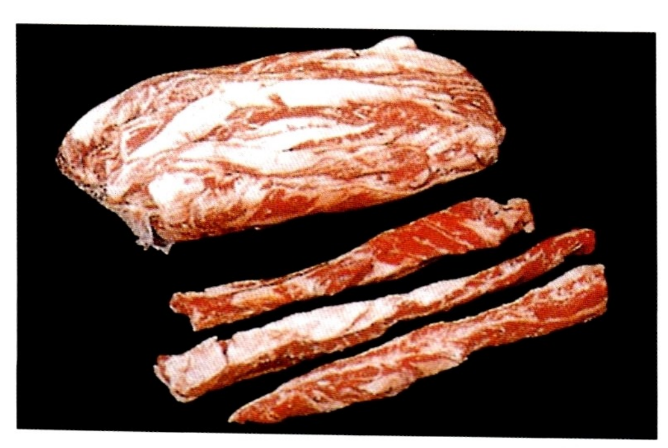

图 2-1-7　牛肋条原料肉

二　加工步骤

步骤一：取料

从牛小排部位中取出牛肋条。注意，带骨牛小排及去骨牛小排加工时应先确定是否已取出牛肋条。

步骤二：初步整理

保留肋骨内面牛肋条上的筋膜，去除软骨和骨筋膜。

步骤三：精细整理

烤肉应完全去除覆盖于表面的筋膜，由中心部位竖向切开成碟形，如图 2-1-8（a）所示；炖煮肉可带筋，若做成咖喱或红烧一类的可按 2 ～ 3 厘米厚度切块，如图 2-1-8（b）所示；若做成串烧则按 6 ～ 8 厘米切块，如图 2-1-8（c）所示。

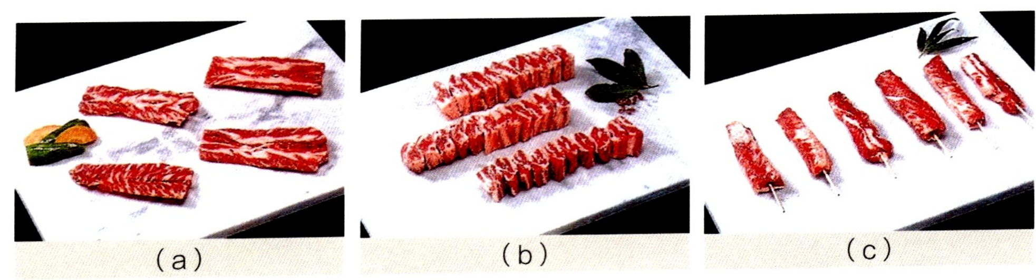

图 2-1-8　加工后的牛肋条肉

三 技能实训

按照操作步骤进行牛肋条的切割，并按照质量标准完成质量对比表（表 2-1-4），分析得失原因。

表 2-1-4　牛肋条的切割质量对比表

序号	成品质量要求	质量对比	原因分析	分值	得分
1	取料：从牛小排部位中取出牛肋条	□ 正确 □ 不正确		30	
2	初步整理：保留肋骨内面牛肋条上的筋膜，去除软骨和骨筋膜	□ 符合要求 □ 不符合要求		30	
3	精细整理：按烤肉、炖煮肉和串烧的要求将牛肋条切块	□ 切片方式与厚度正确 □ 切片方式与厚度不正确		40	
合计				100	

四 问与答

牛腩和牛肋条有什么区别？

解答：牛肋条肉是牛肋骨部位的条状肉。而牛腩是一种统称，指的是牛腹部和靠近牛肋处，带有筋、肉、油花的松软肌肉。如果按照部位来分，牛身上很多地方的肉都可以叫做牛腩。

牛肋条的加工整理要求去净筋膜吗？

解答：不要求。牛肋条肉质鲜嫩，两边略带一些筋膜，用来炖着吃再好不过了。

如何鉴别牛肉的新鲜度

鉴别牛肉的新鲜度可以用以下方法。

（1）看色泽：新鲜肉肌肉有光泽，红色，色泽均匀，脂肪洁白或淡黄色；变质肉的肌肉色暗，无光泽，脂肪黄绿色。

（2）摸黏度：新鲜肉外表微干或有风干膜，不粘手，弹性好；变质肉的外表粘手或极度干燥，新切面发黏，指压后凹陷不能恢复，留有明显压痕。

（3）闻气味：新鲜肉具有鲜肉味儿；变质肉有异味甚至臭味。

任务5 牛腹肋肉的切割

一 原料描述

牛腹肋肉（flank steak）的肉纤维稍粗，走向均一，肉质柔嫩呈鲜红色，厚薄一致，适合用来烹制牛排和烤肉。见图2-1-9。

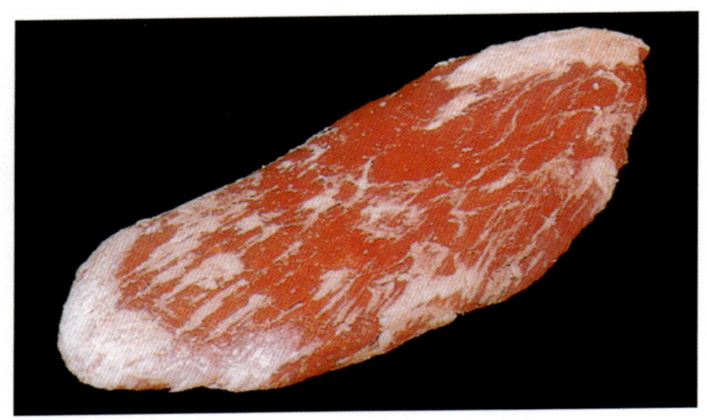

图2-1-9 牛腹肋肉原料肉

二 加工步骤

步骤一：整理

去除牛腹肋肉原料肉覆盖于精肉上的筋膜和多余的表面脂肪。

步骤二：嫩化与去筋

做牛排前，原料肉须嫩化后用刀刃去筋。注意去筋和煎烤时尽量勿使其肉汁流失。

步骤三：卷或片

牛排既可卷成圈状以竹签固定，也可切成片状烹制。烤肉用料应按垂直于肉纤维的方向全幅切割成片，如图2-1-10（a）所示。若原料肉厚度不够，斜切以得到稍宽的切断面，如图2-1-10所示（b）。

(a)

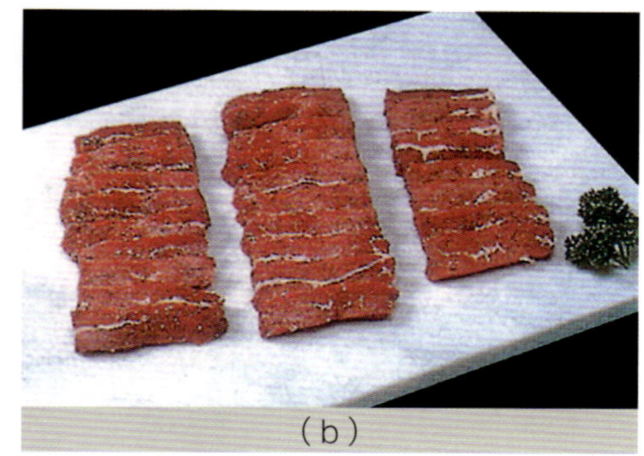
(b)

图 2-1-10　加工后的腹肋肉牛排

三 技能实训

按照操作步骤进行牛腹肋肉的切割，并按照质量标准完成质量对比表（表 2-1-5），分析得失原因。

表 2-1-5　牛腹肋肉的切割质量对比表

序号	成品质量要求	质量对比	原因分析	分值	得分
1	整理：去除牛腹肋肉原料肉覆盖于精肉上的筋膜和多余的表面脂肪	□ 正确 □ 不正确		30	
2	嫩化与去筋：做牛排前，原料肉须嫩化后用刀刃去筋	□ 符合要求 □ 不符合要求		30	
3	卷和片：牛排既可卷成圈状以竹签固定，也可切成片状烹制。烤肉用料应按垂直于肉纤维的方向全幅切割成片	□ 卷和片符合要求 □ 卷和片不符合要求		40	
合计				100	

四 问与答

牛腹肋肉用作烤肉用料时，按垂直于肉纤维的方向全幅切割成片，总感觉宽度不够，怎么办？

解答：若原料肉厚度不够，不妨斜切以得到稍宽的切断面。

牛排卷成圈状以竹签固定是打算怎样烹饪？

解答：可以包卷松茸入烤箱烤，做成松茸牛排卷。

影响牛排口味的因素

影响牛排口味的因素很多，如食用速度，当牛排上桌后，享用的速度可以决定牛排是否好吃；因为牛排中既有牛油又含血水，温度如果稍低其鲜香度会随之降低；餐具也会影响牛排的口味，吃牛排的刀一定要锋利。除此以外，配汁对牛排口味的影响也很大。

任务 6　牛尾的切割

一　原料描述

牛尾（oxtail）含尾椎骨，带粗硬的软骨，前端至后端由粗变细。第 3 ～第 5 尾椎骨所带的瘦肉多，第 6 ～第 10 尾椎骨的瘦肉少。长时间炖煮后肉质非常柔嫩，具有不同于其他部分带骨肉块的独特风味。见图 2–1–11。

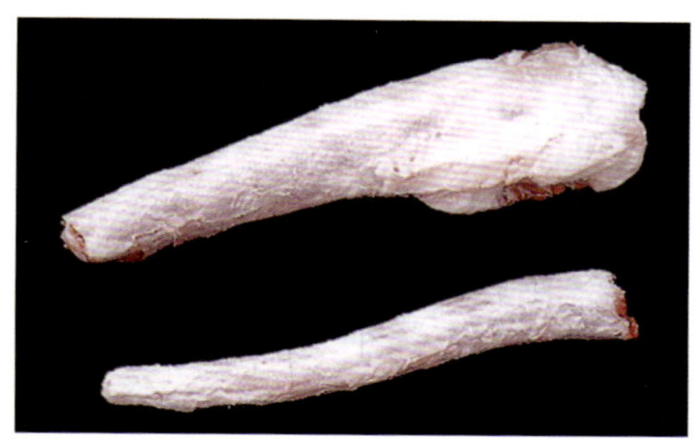

图 2–1–11　牛尾的原料

二　加工步骤

步骤一：取料

保留牛尾根部所接的第 1 ～第 2 尾椎骨，在第 2 ～第 3 尾椎骨间分切，去除根尾端的最后 2 ～ 3 根尾椎骨。一般带第 3 ～第 10 之间的 8 根尾椎骨。

步骤二：整理

修除表面脂肪至 6 毫米以下。

步骤三：切分

分离各节尾椎骨上的牛尾肉，于各尾椎骨的节间切离。带较多肉的尾椎骨部分可用来做“红烧牛尾”或串烧，如图 2–1–12（a）所示；带较少肉的尾椎骨部分适合炖汤，如图 2–1–12（b）所示。

(a)

(b)

图 2-1-12　加工后的牛尾

三 技能实训

按照操作步骤进行牛尾的切割，并按照质量标准完成质量对比表（表 2-1-6），分析得失原因。

表 2-1-6　牛尾的切割质量对比表

序号	成品质量要求	质量对比	原因分析	分值	得分
1	取料：保留牛尾根部所接的第 1 ~第 2 尾椎骨，在第 2 ~第 3 尾椎骨间分切，去除根尾端的最后 2 ~ 3 根尾椎骨。一般带第 3 ~第 10 之间的 8 根尾椎骨	□ 正确 □ 不正确		40	
2	整理：修除表面脂肪至 6 毫米以下	□ 符合要求 □ 不符合要求		30	
3	切分：分离各节尾椎骨上的牛尾肉，于各尾椎骨的节间切离	□ 正确 □ 不正确		30	
合计				100	

步骤四：切梅花肉烧肉片

将上述梅花肉条按逆丝方向以 5 毫米厚度切片，即成梅花肉烧肉片，如图 2–2–2（d）。

步骤五：切梅花肉烤肉片、火锅片

将整块梅花肉按逆丝方向以 5 毫米厚度切片，即成梅花肉烤肉片，如图 2–2–2（e）；以 2 毫米厚度切片，即成梅花肉火锅片，如图 2–2–2（f）。

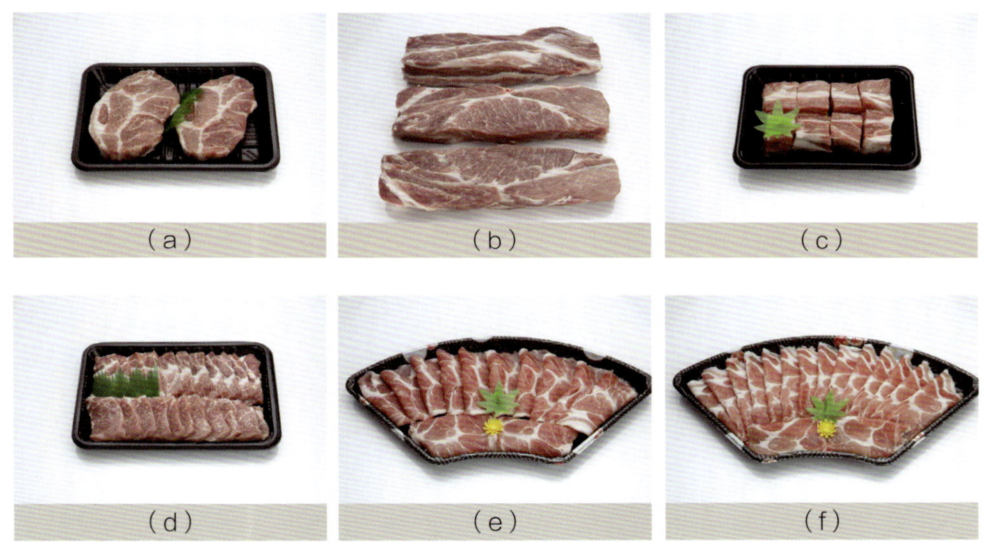

图 2-2-2　加工后的梅花肉排、梅花肉块、梅花肉角、梅花肉烧肉片、梅花肉烤肉片和梅花肉火锅片

三 技能实训

按照操作步骤进行梅花肉的切割，并按照质量标准完成质量对比表（表 2–2–1），分析得失原因。

表 2-2-1　梅花肉的切割质量对比表

序号	成品质量要求	质量对比	原因分析	分值	得分
1	解冻处理：切割前应置于冰箱冷藏室长时间低温解冻，保证切割时无血水渗出	□ 方式正确 □ 方式不正确		40	

（续 表）

2	按正确的方向和恰当的大小分切出梅花肉排、梅花肉块、梅花肉角、梅花肉烧肉片、梅花肉烤肉片和梅花肉火锅片	□ 方向正确 □ 方向不正确 □ 大小恰当 □ 大小不恰当		60	
合计				100	

四 问与答

梅花肉在口味上有什么特点？它的名称从何而来？

解答：梅花肉有口感油润滑嫩，肉质鲜香的特点。它是猪的上肩胛肉的一部分。由于猪经常运动到这个部位，因此其瘦肉的比例相对较高。这部分肉的横切面上，粉嫩的鲜肉与丝丝白色油脂面最精华的部分形似梅花，因而得此雅致的名称。

猪只上的梅花肉一般有多少分量？形态是怎样的？

解答：每只猪身上的这块肉只有 2.5 ~ 3 千克，大约有 20 厘米长，横切面瘦肉占 90%，其间有数条细细的肥肉丝纵横交错。

猪的养殖历史

从化石推断，外貌像猪的野生动物早在四百万年前已经游走于欧洲与亚洲的森林和沼泽。

公元前4900年，中国人开始驯养猪只；公元前1500年，欧洲人也开始养殖猪只。1493年，猪被引进到美洲大陆，并于1539年植根美国。

任务 2 里脊肉的切割

一 原料描述

里脊肉（pork tenderloin）是脊椎骨内侧的条状嫩肉，通常分为大里脊和小里脊。大里脊就是与大排骨相连的瘦肉，外侧有筋覆盖；小里脊是脊椎骨内侧一条肌肉，比较少，很嫩。

其切割要点为:（1）里脊肉前段带僧帽肌，油脂较多，适合切里脊肉排、烤肉片等;（2）里脊肉后段须先去筋膜再加工。去筋膜时，右手持刀，左手往右向下拉紧筋膜，让刀刃始终处于肉与筋膜的缝隙之间。运刀时要注意调整刀刃的倾斜角度，保持走刀顺畅，并尽可能降低肉的损耗；（3）里脊肉去筋膜后血水较易流出，所以应入冰箱冷藏室降温，有利于长时间保持色泽。

二 加工步骤

步骤一：切分里脊肉为前后两段

在标线的位置将里脊肉一切为二，分为前后两段，后段去筋膜。见图 2-2-3 的标线位置。

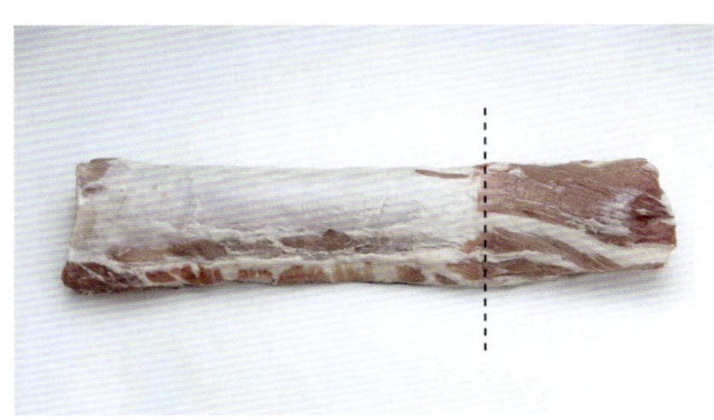

图 2-2-3 里脊肉原料肉

步骤二：切里脊肉排、里脊烤肉片、里脊火锅片

按逆丝方向将里脊肉前段以 10 ~ 15 毫米的厚度切片即为里脊肉排，如图 2-2-4（a）；以 5 毫米的厚度切片即为里脊烤肉片，如图 2-2-4（b）；以 2 毫米的厚度切

片即为里脊火锅片，如图 2–2–4（c）。

步骤三：切特选里脊肉块、特选里脊肉排、特选里脊烤肉片

将里脊肉后段去筋膜后，切块即为特选里脊肉块，如图 2–2–4（d）；以 10 毫米的厚度切片即为特选里脊肉排，如图 2–2–4（e）；以 5 毫米的厚度切片即为特选里脊烤肉片，如图 2–2–4（f）。

图 2–2–4　加工后的里脊肉排、里脊烤肉片、里脊火锅片以及特选里脊肉块、特选里脊肉排、特选里脊烤肉片

三 技能实训

按照操作步骤进行里脊肉的切割，并按照质量标准完成质量对比表（表 2–2–2），分析得失原因。

表 2–2–2　里脊肉的切割质量对比表

序号	成品质量要求	质量对比	原因分析	分值	得分
1	在恰当的位置将里脊肉一切为二，分为前后两段	□位置正确 □位置不正确		20	
2	里脊肉后段去筋膜	□运刀正确 □运刀不正确		20	

（续　表）

3	按正确的方向和恰当的大小分切出里脊肉排、里脊烤肉片、里脊火锅片以及特选里脊肉块、特选里脊肉排、特选里脊烤肉片	□ 方向正确 □ 方向不正确 □ 大小恰当 □ 大小不恰当		60	
合计				100	

五 问与答

里脊肉为何要切分成前后两段？

解答：因为里脊肉前段油脂较多，适合切里脊肉排、烤肉片等；而里脊肉后段则几乎不含油脂，且覆盖筋膜。

里脊肉切片炒制后容易变得凌乱散碎，怎么办？

解答：里脊肉肉质比较细、筋少，如逆丝横切，的确不适合炒制，不妨调整运刀的角度，斜切，使其不易破碎。另外，在炒制前注意不要将切好的肉片长时间泡水。

任务 3　去软骨肋排的切割

一　原料描述

附软骨肋排（belly bone-in）是从整块背脊肉中切除肩胛、肋脊肉及上腰肉部分而得的。其肉质紧实，油花较少。

其切割要点为：使用剔骨刀切下软骨后，再依两根肋骨中间下刀，取单根骨或三根骨。要注意肋骨的弯曲度，以免切到骨头下不了刀。见图 2–2–5 的标线位置。

图 2-2-5　附软骨肋排原料

二　加工步骤

步骤一：整理

去除整块原料的胸骨和软骨。

步骤二：切单根骨和三根骨

依照肋骨的走向将整理后的原料切成不带软骨的单根骨或三根骨，如图 2–2–6（a）、（b）。

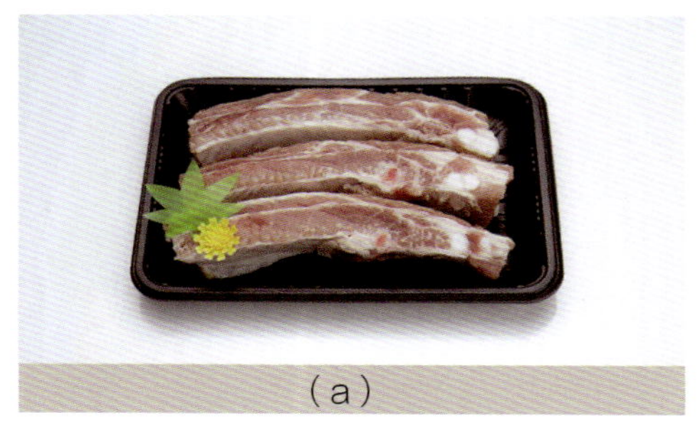

（a）

（b）

图 2-2-6　加工后的去软骨单根骨肋排（a）和去软骨三根骨肋排（b）

三 技能实训

按照操作步骤进行去软骨肋排的切割，并按照质量标准完成质量对比表（表 2-2-3），分析得失原因。

表 2-2-3 去软骨肋排的切割质量对比表

序号	成品质量要求	质量对比	原因分析	分值	得分
1	去除整块附软骨肋排上的胸骨和软骨	□ 符合要求 □ 不符合要求		50	
2	依照肋骨的走向将整理后的原料切成不带软骨的单根骨或三根骨	□ 运刀正确 □ 运刀不正确		50	
合计				100	

四 问与答

中式腹肋肉和美式腹肋肉有什么区别？

解答：中式腹肋肉是将带骨腹部肉中的肋骨剔除，但保留肋骨间的肉。美式腹肋肉是将带骨腹部肉中的腩骨和相关的软骨整条切除，呈长方形，可带皮或去皮。

什么叫腩排？

解答：腩排从带骨腹部肉中切得，它包括肋条、肋间肉和一些紧贴的隔膜组织。

任务 4　猪后腿肉的切割

一　原料描述

猪后腿肉（pork hindquarter）整块都是瘦肉，脂肪含量极少，因此属于高蛋白、低脂肪且高维生素的猪肉。

其切割要点为：（1）后腿肉的体积较大，因此需要延长在冰箱冷藏室的解冻时间。一定要完全解冻以后，才能进行切割；（2）后腿肉是猪肉中较硬的部位肉，所以一定要去除筋膜后才能加工使用。必要的话，可使用截筋器使肉松软。

二　加工步骤

步骤一：整理

完全解冻，并去尽筋膜。

步骤二：切后腿肉排

将去筋后腿肉修清后按逆丝方向以 10 毫米的厚度切片，即为后腿肉排。见图 2-2-7 的横标线。

图 2-2-7　猪后腿肉原料

步骤三：切后腿肉角、烧肉片、炒肉片、肉丝

将去筋后腿肉按顺丝方向切 30 毫米厚度的肉块，如图 2-2-8（a）；再将肉块以 10 毫米厚度切片即为后腿肉角，如图 2-2-8（b）；以 5 毫米厚度切片即为后腿

烧肉片，如图 2–2–8（c）；以 2 毫米厚度切片即为后腿炒肉片成品，如图 2–2–8（d）；切成片后再切成丝即为后腿肉丝，如图 2–2–8（e）。

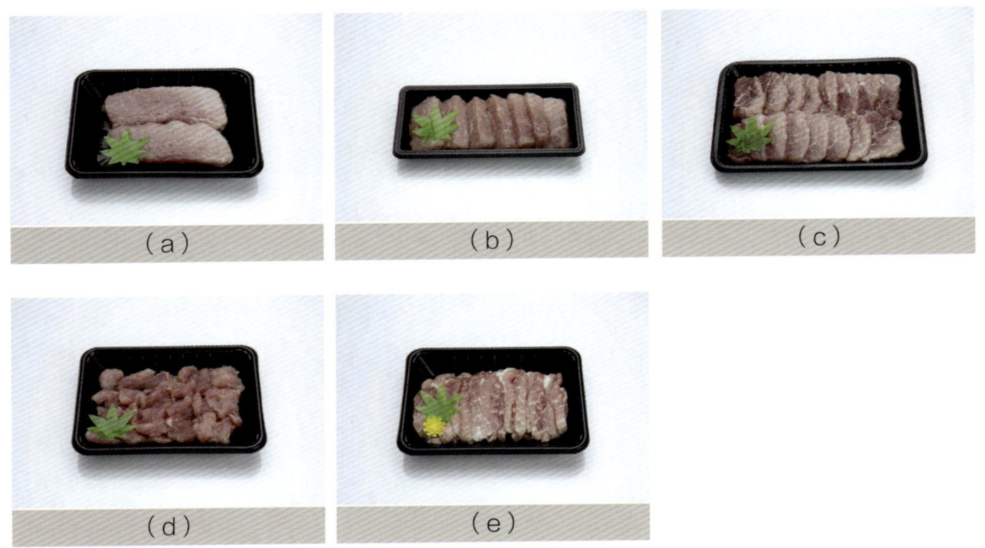

图 2–2–8 加工后的后腿肉排、肉角、烧肉片、炒肉片、肉丝

三 技能实训

按照操作步骤进行猪后腿肉的切割，并按照质量标准完成质量对比表（表 2–2–4），分析得失原因。

表 2–2–4 猪后腿肉的切割质量对比表

序号	成品质量要求	质量对比	原因分析	分值	得分
1	将猪后腿肉完全解冻，并去尽筋膜	□符合要求 □不符合要求		30	
2	将去筋的后腿肉修清后按逆丝方向切后腿肉排	□运刀正确 □运刀不正确 □厚度正确 □厚度不正确		30	
3	将去筋的后腿肉切后腿肉角、烧肉片、炒肉片、肉丝	□运刀正确 □运刀不正确 □厚度正确 □厚度不正确		40	
合计				100	

四 问与答

猪前腿肉和后腿肉怎么区分？

解答：猪后腿肉的肥肉比较少，瘦肉部分很厚。而猪前腿的肥肉较后腿多，有肥瘦相间的情况。若从整块腿肉的外观来看，后腿干瘦，前腿粗短。

为什么猪后腿肉是加工猪肉制品用途最广的原料？

解答：因为猪后腿的瘦肉多，脂肪和结缔组织少。

模块三 羊肉原料的加工

学习目标

1. 能熟知羊肉原料的部位分切。
2. 学会对不同的羊肉部位原料进行去筋膜、整形、修清、切割等整理工作。
3. 能根据不同的羊肉成品选择不同的切分方式。
4. 能按新鲜度和品质挑选羊肉。

在西餐烹调中，羊肉的应用仅次于牛肉。羊在西餐烹调上有羔羊（lamb）和成羊（mutton）之分。羔羊是指生长期在三个月至一年的羊，其中没有食过草的羔羊又被称为乳羊（milk-fed lamb）。成羊是指生长期在一年以上的羊。西餐烹调中主要以使用羔羊肉为主。

羊的种类很多，主要有绵羊、山羊和肉用羊等，其中肉用羊的羊肉品质最佳，大都是用绵羊培育而成，体型大、生长发育快、产肉性能高、肉质细嫩，肌间脂肪多，切面呈大理石花纹，肉用价值高于其他品种。

上等品质的羔羊肉，应该是质地坚实而细嫩味美，膻味轻，颜色鲜艳，结缔组织少，肉呈大理石状，背脂分布均匀而不过厚，脂肪色白、坚实。

挑选羊肉时，应选择肉色明红而富有光泽，脂肪白而有一定硬度的。肉色红或深红的是老羊肉，肉质较硬。在选择真空包装的羊肉时，千万注意羊肉的新鲜程度，避免选择暗红色的羊肉。

任务 1　羊肩胛肉的切割

一　原料描述

羊肩胛肉（mutton shoulder）系列产品从切除肋脊肉、颈、胸和前腱肉的羊屠体前部而得，见图 2-3-1。肩胛肉和肋脊肉是从第 4 和第 5 肋骨或第 5 和第 6 肋骨间分开的。它的主要次分切肉有羊肩胛肉双边方切、羊肩胛肉单边方切和羊肩胛肉去骨方切。

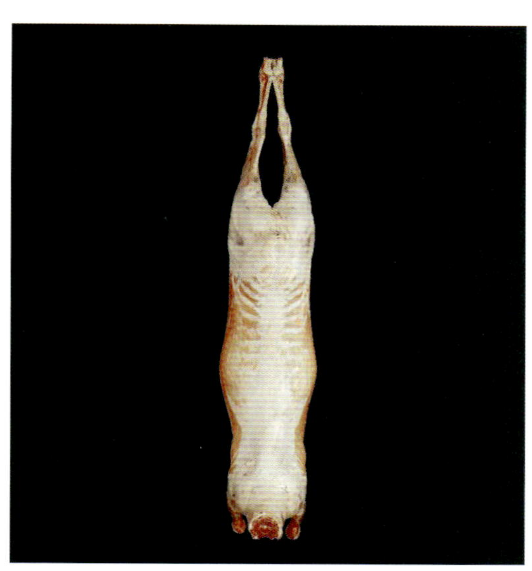

图 2-3-1　羊屠体

二　加工步骤

步骤一：羊肩胛肉双边方切

将羊屠体前部切除肋脊肉、颈、胸和前腱肉，即得羊肩胛肉双边方切，如图 2-3-2（a）。

步骤二：羊肩胛肉单边方切

将羊肩胛肉双边方切对切开，即得羊肩胛肉单边方切，如图 2-3-2（b）。

步骤三：羊肩胛肉去骨方切

去除带骨的羊肩胛肉双边方切或羊肩胛肉单边方切中所有的骨头、软骨、背大板筋、皮肤、淋巴腺体和胸腔脂肪，即得羊肩胛肉去骨方切，如图 2-3-2（c）。

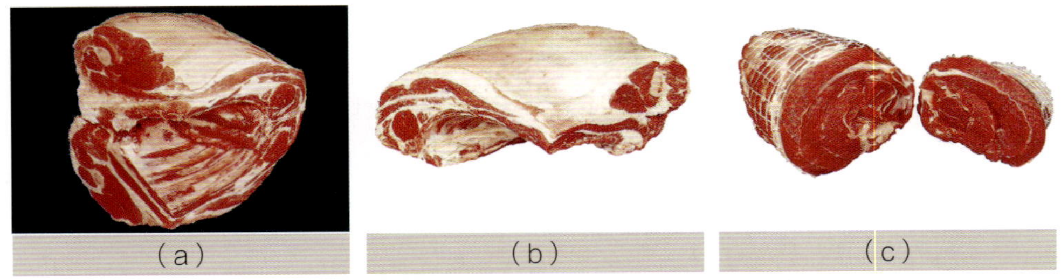

（a）　（b）　（c）

图 2-3-2　加工后的羊肩胛肉双边方切、羊肩胛肉单边方切、羊肩胛肉去骨方切

三　技能实训

按照操作步骤进行羊肩胛肉的切割，并按照质量标准完成质量对比表（表 2-3-1），分析得失原因。

表 2-3-1　羊肩胛肉的切割质量对比表

序号	成品质量要求	质量对比	原因分析	分值	得分
1	从羊屠体前部切除肋脊肉、颈、胸和前腱肉，得羊肩胛肉双边方切	□符合要求 □不符合要求		30	
2	将羊肩胛肉双边方切对切开，得羊肩胛肉单边方切	□符合要求 □不符合要求		30	
3	去除带骨羊肩胛肉方切中所有的骨头、软骨、背大板筋、皮肤、淋巴腺体和胸腔脂肪，得羊肩胛肉去骨方切	□符合要求 □不符合要求		40	
合计				100	

四 问与答

羊肩胛肉的特点是什么？

解答：羊肩肉外覆一层薄膜，肥瘦结合，质地松软，既不缺乏脂肪，也不缺乏瘦肉的鲜美，烤、炖皆宜。

羊肩肉的英文是什么？

解答：标准的羊肩肉英文是 lamb shoulder 或 mutton shoulder，指羊肩的第 1 到第 4 肋骨之间的肩头部位。

任务 2 羊肋脊肉的切割

一 原料描述

羊肋脊肉系列产品从切除肩胛肉、胸前肉、前腱肉和颈部肉的羊屠体前部而得。肋脊肉和肩胛肉是从第 4 和第 5 肋骨或第 5 和第 6 肋骨间断开的。它的主要次分切肉有羊肋脊肉双边大分切（图 2–3–3）、羊肋脊肉单边分切、羊肋脊肉法式修切和肋眼肉条。

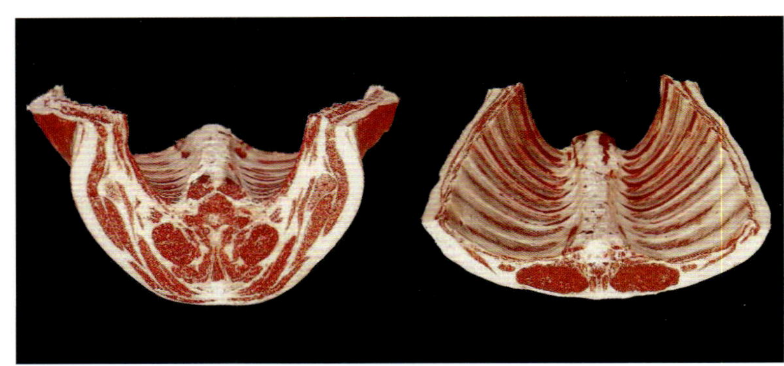

图 2-3-3 羊肋脊肉双边大分切（包含肋骨和部分肩胛骨）

二 加工步骤

步骤一：羊肋脊肉单边分切

将羊肋脊肉双边大分切对半切开即得羊肋脊肉单边分切，去除脊椎骨、羽状骨、肩胛骨和附着的软骨、皮层膜等，如图 2–3–4（a）。

步骤二：羊肋脊肉法式修切

去除羊肋脊肉大分切上的肩胛骨、羽状骨、外表脂肪层、背大板筋和附着在肩胛骨上的盖肉，即得羊肋脊肉法式修切。另外，此部位下方的肋条肉应切除，直至露出肋骨，如图 2–3–4（b）。

步骤三：切羊肋眼肉条

切除羊肋脊肉上所有骨头、软骨和背大板筋，即得羊肋眼肉条。应该去除附着在肩胛骨上的肌肉，修切去多余的脂肪，使其外表仅包裹极薄的脂肪层，如图 2-3-4（c）。

步骤四：切羊肋脊肉排

按肋骨走向将羊肋脊肉法式修切成品分切成块，如图 2-3-4（d）。

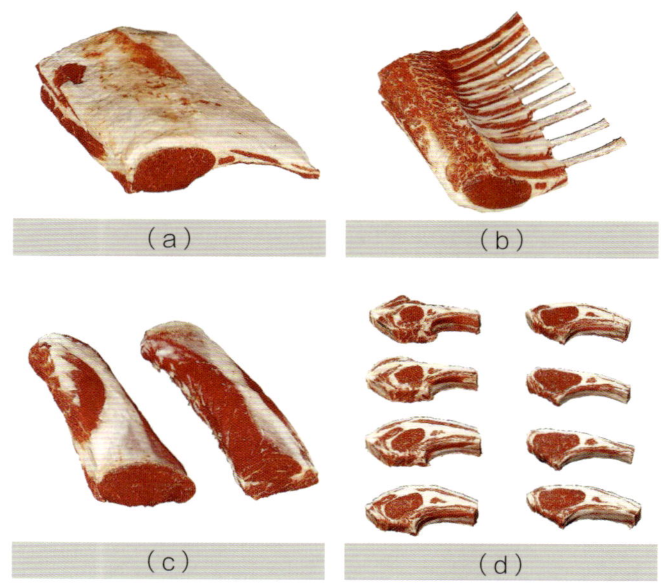

图 2-3-4　加工后的羊肋脊肉单边分切、羊肋脊肉法式修切、羊肋眼肉条、羊肋脊肉排

三 技能实训

按照操作步骤进行羊肋脊肉的切割，并按照质量标准完成质量对比表（表 2-3-2），分析得失原因。

表 2-3-2　羊肋脊肉的切割质量对比表

序号	成品质量要求	质量对比	原因分析	分值	得分
1	从羊肋脊肉双边大分切中取羊肋脊肉单边分切，去除脊椎骨、羽状骨、肩胛骨和附着的软骨、皮层膜等	□符合要求 □不符合要求		25	

（续　表）

2	从羊肋脊肉大分切中取羊肋脊肉法式修切，去除肩胛骨、羽状骨、外表脂肪层、背大板筋和附着在肩胛骨上的盖肉	□ 符合要求 □ 不符合要求		25	
3	去除羊肋脊肉上的骨头、软骨和背大板筋，得羊肋眼肉条	□ 切割正确 □ 切割不正确		25	
4	按肋骨走向将羊肋脊肉法式修切成品分切成块，得羊肋脊肉排	□ 切割正确 □ 切割不正确		25	
合计				100	

四 问与答

羊肋骨是羊排吗？

解答：羊的肋条即连着肋骨的肉，所以说羊肋骨就是羊排，只是叫法不一样。

羊肉若在烹饪方法上不同，去膻的方式一样吗？

解答：不一样。煮羊肉时放入数个山楂或几块萝卜可去膻。炒羊肉时则应多放些葱、姜、孜然等佐料以去除膻味。

肉类的食用期

许多人误认为刚宰杀的畜禽马上烹调味道最好，其实不然，因为这时并非是肉类的最佳食用期，用此时的肉烹制的菜肴既不易煮烂，味道也不是最鲜美。那么，什么是肉类的最佳食用期呢？

畜禽被宰杀后，其肉要经过一系列的生物化学变化和物理化学变化，最终熟成。用这种熟成肉烹制菜肴最佳。肉的熟成过程大致可分为两个阶段，即尸僵过程和自溶过程。刚刚宰杀的畜禽肉体是柔软的，经过一段时间放置，肉质变得粗硬，这一过程称为尸僵。此时的肉口感特别粗糙、老韧，鲜味和风味很差，用来烹调效果不佳。

畜禽肉尸僵以后，肉体的变化并未停止，随着糖元的不断分解和乳酸的增加，胶体的保水性减少，尸僵开始缓解而进入自溶期。这时的肉柔嫩多汁，用这种肉烹制的菜肴口感细嫩，肉汤透明，鲜美味和肉香味均达到最佳效果。畜禽肉的熟成与温度和时间有一定关系。温度低，肉体中所进行的一系列生物化学反应速度会比较慢，熟成时间就长；温度高，生物化学反应的速度快，肉类熟成的时间就短一些。例如在 2 ~ 4℃，需经 12 ~ 15 天时间才能完成肉的熟成过程；在 12℃时需 5 天；18℃时需 2 天；而在 29℃时，则只需几小时。此外，畜禽肉的熟成还与动物的体形和年龄有关。一般来讲，动物体形和年龄愈大，熟成所需的时间愈长。

处于最佳食用期的肉具有以下一些特征：①肉体表面形成一层“皮膜”，用手触摸时发生牛皮纸似的“沙沙”声音。这层皮膜可以防止微生物侵入肉内进行繁殖；②切开肉时有少量的肉汁流出；③肉具有特殊的香味；④肉的组织具有一定的弹性。

值得一提的是，肉类到最佳烹调期必须及时食用或严格控制其继续变化，因为这时肉体中的部分蛋白质分解成水溶性蛋白质、肽和氨基酸，一旦氨基酸进一步分解为胺、氨及硫化氢等，肉类便开始进入腐败阶段，失去食用价值。

想一想 练一练

一、单项选择题：

1. 梅花肉从整块（　）的上部切得，其肉质爽滑，大理石油花丰富、分布均匀。

（A）肩胛肉（B）腹肋肉（C）后腿肉（D）背脊肉

2. 冻猪肉切割前应置于（　）长时间解冻。

（A）微波炉（B）较高室温（C）冰箱冷冻室（D）冰箱冷藏室

3. 肉排、烧肉片、肉角、肉丝等成品的切割必须在猪肉原料（　）进行处理。

（A）未解冻时（B）解冻到一半时（C）完全解冻后（D）腌渍后

4. 整头猪只上的梅花肉一般有（　）分量。

（A）1 ~ 1.5 千克（B）2.5 ~ 3 千克（C）250 ~ 300 克（D）5 ~ 6 千克

5. 里脊肉（　）带僧帽肌，油脂较多，适合切里脊肉排、烤肉片等。

（A）前段（B）后段（C）中段（D）侧面

6. 猪后腿肉是猪肉中（　）部位肉。

（A）脂肪含量较高（B）筋膜较少的（C）较软的（D）较硬的

7. 羊的种类很多，其品种类型有绵羊、山羊、黄羊和肉用羊等，其中（　）的羊肉品质最佳。

（A）绵羊（B）山羊（C）黄羊（D）肉用羊

8. 上等品质的羔羊肉，应该（　）。

（A）质地坚实（B）膻味重（C）结缔组织多（D）背脂分布较厚

9. 对畜肉类原料进行分档，就是区分（　）的肉，以便根据其质量特点恰当使用。

（A）不同油花度（B）不同产地（C）不同部位（D）不同新鲜度

二、连线题：

1. 将下列梅花肉成品不同的厚度或大小与其名称相对应

A. 梅花肉排　　　　10 ~ 15 毫米的厚度

B. 梅花肉块　　　　10 ~ 15 毫米的小方块

C. 梅花肉角　　　　10 ~ 15 毫米的厚度

D. 梅花肉烧肉片　　5 毫米的厚度
E. 梅花肉火锅片　　5 毫米的厚度
F. 梅花肉烤肉片　　2 毫米的厚度

2. 将猪后腿肉切成肉片的加工步骤是：

步骤一　　在冰箱冷藏室解冻。

步骤二　　修清。

步骤三　　使用截筋器使肉松软。

步骤四　　去除筋膜。

步骤五　　按逆丝方向切片。

步骤六　　按顺丝方向切块。

三、思考题：

1. 梅花肉在口味上有什么特点？它的名称从何而来？

2. 里脊肉后段须先去筋膜再加工，使用怎样的手法才能在保持走刀顺畅的前提下，降低肉的损耗？

3. 羔羊的生长期一般有多长？

项目三

禽肉原料的处理

导学

禽类在烹饪中可整用，也可分割为头、颈、脊背、翅膀、胸脯、腿、爪等部分分别加以利用。禽体的内脏（胃、肠、肝、心）、血液、油等也都是较好的烹饪原料。

禽类头部皮骨多肉少，含胶原蛋白丰富，主要用于制汤。舌主要由舌骨、结缔组织、脂肪组织构成，可单独做菜，在烹饪加工时应去掉角质化的粘膜上皮和舌内骨，剩下的部分质地鲜嫩。

禽体颈部皮下脂肪较丰富，皮韧，肉少而细嫩，可用于制汤或煮、烧等烹调方法。

禽类脊背部分两侧各有一块肉，其老嫩适中，无筋，常用于炒、炸等烹调方法。

禽类翅膀皮多肉少，质地鲜嫩（俗称活肉）。可带骨煮、炖、焖、烧等，也可抽去骨填入其他原料烹制成菜。

胸脯是禽体最厚、最大的一块整肉，肉质细嫩、香鲜，最宜加工成片、丝、丁、条、蓉等形状，用于炒、熘、煎、炸等烹调方法。胸脯可作冷菜、热菜、汤羹。胸脯肉里面紧贴胸骨的两侧各有一条肌肉，也称里脊肉，是禽体全身最嫩的肉。

禽类腿部骨粗，肉厚，筋多，质老，整只腿可炸、烧、炖、焖、烤、煮等。

鲜冻禽产品分整只光禽和分割禽。整只光禽除按净膛程度分类外，还按年龄和质量划分等级。在欧洲和北美各国常用分部位的禽肉，经蒸煮、煎炸、炙烤、焖炖等烹饪方法，制作西餐的热菜。

模块一　鸡肉原料的加工

学习目标

1. 能将整鸡分割成不同部位使用。
2. 学会对整鸡或其分割开的部位原料进行断筋、去骨、去皮等整理工作。
3. 熟悉鸡的各部位原料的特点。
4. 能按新鲜度和品质挑选整鸡或其分档的部位原料。

你了解吗

鸡肉在肉类中以味道鲜美著称。因其结缔组织少，肌纤维柔软细嫩，故肉的硬度较低，易为人体消化吸收。

鸡(chicken)在西餐烹饪中应用广泛，既可整烹，也可分割成不同部位使用。鸡的肫、肝、心、肾、血、油等经加工后都是较好的烹饪原料。鸡的分档取料为鸡头、鸡颈、胸脯肉、脊背、翅膀、腿肉、鸡爪等。

任务1 整鸡取胸

一 原料描述

鸡胸肉（chicken breast）是禽体最厚、最大的一块整肉，肉质细嫩、香鲜，最宜加工成片、丝、丁、条、蓉等形状，用于炒、熘、煎、炸等烹调方法。胸脯可作冷菜、热菜、汤羹。胸脯肉里面紧贴胸骨的两侧各有一条肌肉，也称里脊肉，是禽体全身最嫩的肉。光鸡原料如图 3-1-1 所示。

图 3-1-1 光鸡原料

二 加工步骤

步骤一：整形

光鸡洗净，去头、翅尖、翅中、鸡爪，留翅根与鸡胸相连，如图 3-1-2（a）。

步骤二：分离

鸡腹切开，将鸡翅根连鸡胸肉撕离鸡身，如图 3-1-2（b）。

步骤三：修清

将翅根上的皮、肉去净，得鸡里脊肉两块、鸡胸肉两块（带皮、带翅根），如图 3-1-2（c）。

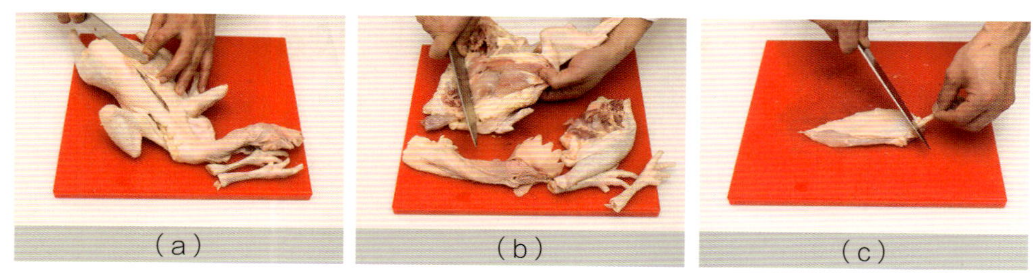

图 3-1-2　光鸡整形、鸡胸分离、鸡胸修清的过程图

三　技能实训

按照操作步骤进行整鸡取胸的操作，并按照质量标准完成质量对比表（表3-1-1），分析得失原因。

表 3-1-1　整鸡取胸的操作质量对比表

序号	成品质量要求	质量对比	原因分析	分值	得分
1	光鸡洗净，去头、翅尖、翅中、鸡爪	□符合要求 □不符合要求		30	
2	鸡腹切开，将鸡翅根连鸡胸肉撕离鸡身	□正确 □不正确		40	
3	修清后，得鸡里脊肉两块、鸡胸肉两块	□合适　□不够 □过度		30	
合计				100	

四 问与答

为什么说鸡胸肉非常适合正在减肥或者健身的人士？

解答：因为鸡胸肉不仅含有很高的蛋白质，而且油脂含量及热能都很低。一般一块鸡胸肉大约 200 克，含有 40 克的蛋白质，差不多可以满足一个人一天大部分的蛋白质需求。

鸡肉的哪块部位肉最嫩？

解答：鸡身上最嫩的肉是紧贴胸骨两侧的两条肌肉，也称鸡里脊肉。

家禽的分类

国际上公认的标准分类法将家禽分为类、型、品种和品变种。

类（class）即按禽类的原产地划分，可分为亚洲类、美洲类、地中海类和英国类等。每类之中又细分为品种和品变种。

型（type）是根据家禽的用途分类，可分为蛋用型、肉用型、兼用型、观赏型和药用型。

品种（breed）是指通过育种而形成的一个有一定数量的生物群体，它们具有特殊的外形和一般基本相同的生产性能，并且遗传性稳定，适应性也相似。

品变种（variety）又称亚品种、变种或内种。是在一个品种内对某种特征进行的分类。家禽标准品种和品变种有 340 多个，其中鸡占了约 200 个。

中美两国在肉鸡消费上的差异

中国和美国是家禽生产大国。

资料显示：中国平均每年人均消费鸡肉10千克，而且这个数字在逐年增长。虽然中国自身的家禽生产能力在持续增长，但仍然无法满足庞大的国内市场需求。

中美两国在肉鸡生产和饮食文化上存在明显差异。欧美等西方人喜欢鸡胸肉，一般不吃鸡爪、鸡翅等肉鸡分割产品，而在中国，鸡爪、鸡翅却是老少皆宜、广受欢迎的食品，市场需要量非常巨大。从最近3年海关统计数字可以看到中国每年进口外国肉鸡总量在607～807万吨，其中美国肉鸡占进口总量的70%左右，而美国肉鸡出口中国总量中的60%基本上都是鸡爪和鸡翅产品。

这里有一个生动的统计：16个鸡爪约有0.45千克重量，一只鸡只有两个鸡爪，也就是说，16个鸡爪需要屠宰8只肉鸡。一个40GP标准集装箱可装23133千克鸡爪，需要40万只鸡。而中国每月大概需要进口鸡爪1500～2000个40GP标准集装箱，这样换算一下，如果不靠进口，需要每月屠宰6～8亿只鸡，才能满足市场对鸡爪如此庞大而惊人的需要。

鸡爪在整只肉鸡中所占的价值比例是很小的，中国显然不可能为鸡爪而大量生产肉鸡。因此，由于中国国内鸡爪、鸡翅的供应量无法满足需求，美国质优价廉的鸡爪、鸡翅从客观上来说能够有效地补充中国市场供应的不足。

任务2 鸡翅出骨

一 原料描述

西餐的鸡翅（chicken wing）都是翅中，见图 3-1-3。在正式的西餐场合，如果要吃带骨鸡翅，是很费周折的。一般先用叉子固定住鸡翅，用刀把翅中沿着 2 根骨头当中切开，然后用叉子固定其中一根骨头的一头，用刀沿着另一边把肉一点一点的剔下来，再换一头……如此重复，直到把肉剔干净。剔掉骨头以后，把叉子平放，用刀把肉推入叉子中，送到口里。所以，西餐菜肴最好使用脱骨鸡翅，不仅食用起来简单方便，而且鸡翅里面还能塞进其他食材，同时不影响其完整性。

图 3-1-3 鸡翅中原料

二 加工步骤

步骤一：解冻和清洗

如果是冷冻的鸡翅中，应解冻后冲洗干净备用。

步骤二：断筋

在鸡翅中两根骨头的连接点中间切一刀。切完后露出两根骨头，用刀切断它们相连的筋，如图 3-1-4（a）。

步骤三：拆骨

分别捏住两根骨头，来回转几下，就能使鸡翅中的骨肉分离。然后抓住骨头的一头往外拽，就能轻松取出骨头，并且不沾肉，保持鸡翅的完整，如图 3-1-4（b）。

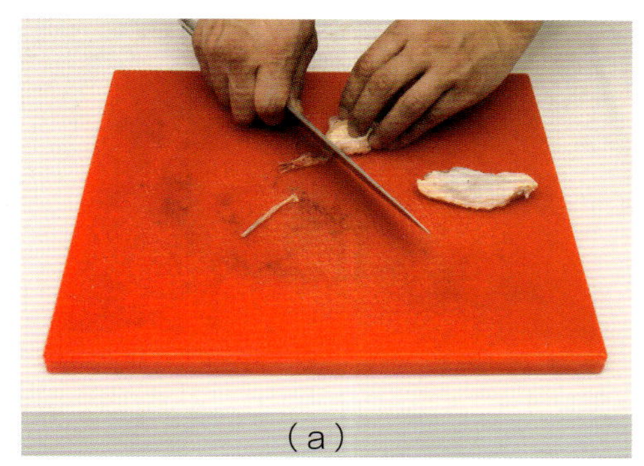
(a)

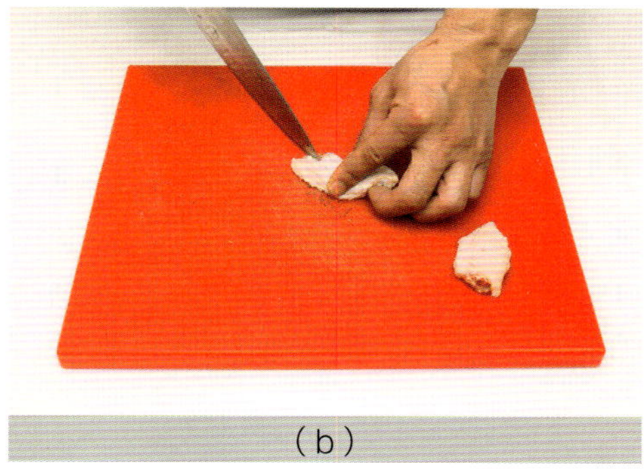
(b)

图 3-1-4　鸡翅中断筋、拆骨的过程图

三 技能实训

按照操作步骤进行鸡翅中出骨的操作，并按照质量标准完成质量对比表（表 3-1-2），分析得失原因。

表 3-1-2　鸡翅出骨的操作质量对比表

序号	成品质量要求	质量对比	原因分析	分值	得分
1	将冷冻的鸡翅中解冻后冲洗干净	□符合要求 □不符合要求		30	
2	切断鸡翅中两根骨头相连的筋	□正确 □不正确		30	
3	取出鸡翅中两根骨头，并且不沾肉	□完整 □不完整		40	
合计				100	

四 问与答

在鸡翅中两根骨头的连接点中间切一刀后看不见骨头怎么办？

解答：那是因为你切得不够深，可以用厨刀往深再切一点，或用剪刀剪开，就可以看到两根骨头了。

为什么在正式西餐中，西方人一般都不吃带骨鸡翅？

解答：因为用刀叉去剔净带骨鸡翅上的肉是很费周折的。西方人不轻易将吃进嘴里的食物吐出来，他们认为那样做极不文明。

家鸡的祖先

家鸡的祖先是原鸡属中的红色原鸡。红色原鸡分布于印度东北部、泰国的南部、缅甸和印度尼西亚的苏门答腊岛。至今我国云南的南部、广西和海南仍有分布。

红色原鸡的体形、结构及鸣声等与家鸡极相似，不但易于饲养，而且与家鸡杂交所产生的后代还具有繁殖力。红色原鸡栖息在丛林中，由于被人类长期驯养、选择与培育，并受饲养管理条件不断改善和自然环境的影响，逐步产生许多对人类有利的特点，同时也形成了众多的品种。这些对人类有利的特点主要有：①生长迅速，体重增大，提高了肉用价值；②失掉了飞翔能力，便于饲养管理；③改变了在野生条件下特定繁殖季节内的产蛋习性，可以常年产蛋，大大提高了产蛋量；④减轻或失掉了抱窝性，有利于提高产蛋性能。

禽体爪趾和内脏的烹饪

1. 爪趾

爪趾是指禽部膝关节以下的部分。有些禽体（如肉鸡、鸭子等）爪趾部分较为发达，皮厚筋多，含胶原蛋白丰富，质地脆嫩，可烧、煮、烩等，也可煮熟拆骨后用于凉拌。

2. 内脏

（1）胃

禽类的胃分为腺胃和肌胃两部分，烹饪中应用较多的是肌胃。肌胃又叫砂囊，俗称肫，呈圆形或椭圆形的双凸透镜状，背侧部和腹侧部壁很厚，前囊和后囊壁较薄。肌胃的肌肉组织由环行的平滑肌纤维构成，其肌纤维中蓄含肌红蛋白，肉质坚，呈暗红色。肌膜在肌胃两侧以厚而致密的腱相连。肌胃质韧，适于炒、炸、烩等烹调方法。肌胃黏膜上皮的分泌物与脱落的上皮细胞一起硬化形成一片厚的胃角质层，紧贴于黏膜上，俗称肫皮，主要成分是酸性黏多糖—蛋白复合物，具有明显的药用价值。

（2）肠

禽类的肠可用来作肠衣或直接入馔，烹饪应用最为广泛的是鸭肠。鸭肠质韧，色浅红，外附油脂，初加工去异味后，适于炒、涮等烹调方法，如芫爆鸭肠。

（3）肝

位于腹腔前下部，附有胆囊，烹饪加工时应去掉。禽肝小叶不明显，呈淡褐色至红褐色，分左右两叶。肥育的禽因肝内含有脂肪而呈黄褐色或土黄色。

（4）心

禽的心脏在比例上较大，分心基部和心尖部，锥形，表面附着油脂。禽心质韧，宜炒、炸等，如炸心花。

模块二 鸭肉原料的加工

学习目标

1. 能将整鸭分割成不同部位使用。
2. 学会对整鸭或其分割开的部位原料进行断筋、去骨、去皮等整理工作。
3. 熟悉鸭的各部位原料的特点。
4. 能按新鲜度和品质挑选整鸭或其分档的部位原料。

你了解吗

鸭子（duck）肉质丰满细嫩，肥而不腻，皮薄香鲜，营养丰富。鸭肉味甘咸，性平，具有滋阴、养胃、利水消肿的作用，可除咳嗽、水肿等症。

鸭在烹饪中应用广泛，多以整只烹制，最宜烧、烤，也宜蒸、扒、煮、焖、煨、炸等。鸭既可做主料，也可做配料，既可做冷菜，也可做热菜，既可做汤羹，又可充当馅料。

鸭子在西餐中，可以从前菜到主菜再到主食中贯穿始终，而且待遇不低。在色拉中加入鸭肉，既可以丰富蔬菜略显单调的口感，又不会显得油腻。

根据各人的喜好，鸭肉可以烹制到不同的生熟程度。不过很多西方美食家认为鸭胸肉必须保持在pink（粉色）程度食用最佳，而鸭腿则需要全熟煮透。这样整只鸭子烤的时候有些繁琐，当鸭胸烤到pink时，把它拆下放在一边，继续把鸭腿烤熟，也可以把鸭腿拆下放在扒炉上烤熟。

任务1　鸭肉卷加工

一　原料描述

鸭肉冷菜做法最多的是鸭肉批（duck pate），先要制作肉酱，西餐里称为forcemeat，可以加入干葱、香草以增加香味。然后制作面皮，把面皮放在容器里加入混合好的肉酱，放入烤箱里烤熟，冷却。由于肉批烤熟后收缩，肉酱和面皮之间会有空隙，还需要制作鱼胶冻灌入后填满缝隙，再冷却后切片食用。这种制作方法比较复杂。有一个变通的方法就是将整鸭拆骨，卷成圆柱体的鸭肉卷，用保鲜纸、锡纸、纱布包后蒸熟或在水里煮熟，取出冷却切片食用。光鸭原料如图3-2-1。

图3-2-1　光鸭原料

二　加工步骤

步骤一：整形

光鸭洗净，切去鸭爪。

步骤二：分离

用刀在鸭脖子根部的鸭皮划一圈，使其与主体脱离。从整鸭背部开刀，沿脊椎下划至尾骨，将鸭皮鸭肉翻开，分别切断翅根和鸭大腿根的关节，使其与鸭壳分开，同时往下拉，最后切断鸭里脊肉和鸭壳的连接处，下拉后切断鸭尾部即可，如图3-2-2（a）。

步骤三：去净

鸭壳取出以后放在一边，然后将鸭大腿骨、膝盖骨和小腿骨去净，再把翅根骨去净，如图 3-2-2（b）。

步骤四：包卷成形

将整鸭出骨的鸭肉皮朝下，肉朝上，放在菜板上，用刀略微修平整后卷起，并用棉线扎成肉卷并固定。要求固定鸭肉卷的棉线间隔均匀，如图 3-2-2（c）。

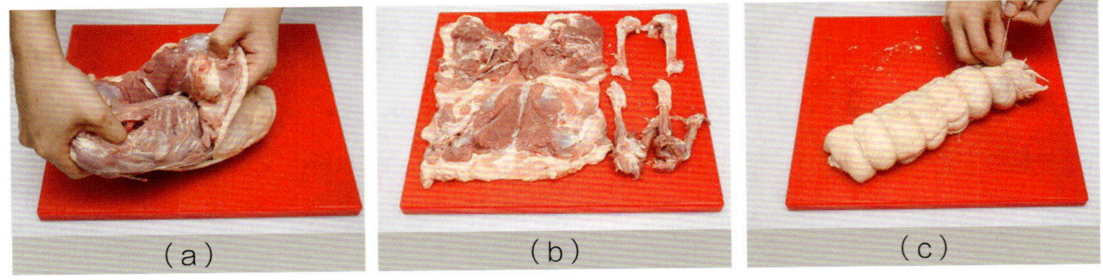
(a) (b) (c)

图 3-2-2 光鸭骨肉分离、去净、包卷成形的过程图

三 技能实训

按照操作步骤进行鸭肉卷加工的操作，并按照质量标准完成质量对比表（表 3-2-1），分析得失原因。

表 3-2-1 鸭肉卷加工的操作质量对比表

序号	成品质量要求	质量对比	原因分析	分值	得分
1	光鸭洗净，切去鸭爪	□符合要求 □不符合要求		20	
2	整鸭骨肉分离	□合适 □不够 □过度		40	
3	整鸭出骨的鸭肉包卷成形	□正确 □不正确		40	
合计				100	

四 问与答

除了鸭肉，还有什么原料适合用此种方式加工？

解答：所有西餐中可食用的畜肉和禽肉都可制作肉卷，如鸡肉卷、猪肉卷、羊肉卷。

西餐中是否很少使用鸭肉？

解答：不是的。鸭子在西餐中，可以从前菜到主菜再到主食中贯穿始终，而且待遇不低。鸭肉所做的西式大餐中，最“威名远扬”的一款，当数法式血鸭。除了要选用特定的鸭种，关键在于宰杀鸭子时不放血，之后，将腌渍过的鸭子放入特制的镀银榨汁机里，将鸭肉、鸭汁配上红葡萄酒等调出一份特制的血鸭汁，作为酱汁来食用。

红肉与白肉的优劣之争

红肉与白肉都是营养学上的词。红肉指的是在烹饪前呈现出红色的肉，具体来说猪肉、牛肉、羊肉、鹿肉、兔肉等等所有哺乳动物的肉都是红肉，其中猪牛羊这些家畜肉是人们最常食用的红肉。白肉狭义上指家禽的肉，特别是鸡肉，之所以叫白肉，是因为鸡肉是白色的。白肉大致包括鸟类（鸡、鸭、鹅、火鸡等）、鱼、爬行动物、两栖动物、甲壳类动物（虾、蟹等）或双壳类动物（牡蛎、蛤蜊）的肉，但不包括其内脏。

红肉的颜色来自哺乳动物肉中含有的肌红蛋白。肌红蛋白是一种蛋白质，能够将氧传送至动物的肌肉中去。 烹饪好后的食物颜色不能作为判断是否红、白肉的标准。不管牛肉和猪肉在烹饪时和烹饪后是什么颜色的，它们都是红肉。同样，鲑鱼、煮熟的虾蟹虽然呈红色，但并非来自肌红蛋白，而是来自虾青素等，所以仍属白肉。

很多人认为健康的饮食应少吃“红肉”多吃“白肉”，因为鸡鸭鱼这类“白肉”比猪牛羊这类“红肉”中饱和脂肪酸含量更少。但这并不意味着人们应完全拒绝吃红肉。专家指出：白肉虽好，吃法不正确或过量会有害，红肉中较多的饱和脂肪酸也并非一定有害，红肉富含矿物质尤其是铁元素，更是白肉不能替代的。饱和与不饱和脂肪酸含量是相对的，几乎所有天然脂肪食品都同时含有二者。

北美肥胖研究协会营养专家西木博士指出，不饱和脂肪酸中的亚麻酸、亚油酸是大脑、眼睛、关节、血液以及免疫系统所必需的，在人体中不能合成，必须从食物中摄取。不饱和脂肪酸不稳定、易氧化，尤其是高温处理时极易被破坏。白肉在高温烹饪（如油炸、微波炉等）环境下，不饱和脂肪酸被氧化后产生自由基即毒素，已足以将其营养价值变成负值。北京协和医院营养科副教授于康认为，不饱和脂肪酸在人体中也不是越多越好，过多就容易被氧化对身体不利。据西木介绍，美国哈佛等大学的研究证实，导致血脂、坏胆固醇升高的“元凶”，其实并不是天然的脂肪食品，而是对天然脂肪食品不健康的加工方式，如油炸或氢化以及过度加工的精制面粉和糖。饱和脂肪酸稳定、不易被氧化破坏，因此烹调红肉不会产生太多的自由基。此外，红肉富含矿物质，尤其是丰富的铁元素更使红肉因此而呈现为红色。西木认为，在现代大型养殖场拥挤的鸡舍、鸭舍以饲料圈养的鸡鸭，普遍存在着少运动、少营养、多毒素的特点，而牛羊则多采取放养方式，具有运动多的特点，在品质上较白肉略胜一筹。

红肉与白肉的营养元素相似，人们可交替食用。但进食白肉时，烹饪方法要科学，尽量清蒸或是清炖，少用油煎油炸。如果一定要用油，也尽可能使用植物油，如橄榄油。

想一想　练一练

一、单项选择题:

1. 禽体最厚、最大的一块整肉是（　　）。

（A）胸脯肉（B）脊背两侧的肉（C）去骨的腿部肉（D）去骨的翅膀肉

2. 禽体全身最嫩的肉是（　　）。

（A）胸脯肉（B）腿肉（C）颈部肉（D）里脊肉

3. 当今世界上，两个最大的家禽生产大国是（　　）。

（A）中国和美国（B）中国和澳大利亚（C）中国和印度（D）美国和印度

4. 西餐的鸡翅菜肴一般使用（　　）。

（A）整根鸡翅（B）翅尖（C）翅中（D）翅根

5. 肫皮是禽体（　　）黏膜上皮的分泌物与脱落的上皮细胞一起硬化形成的角质层。

（A）腺胃（B）肌胃（C）腺胃和肌胃（D）爪趾

6. 做鸭肉卷需要去除（　　）。

（A）鸭里脊肉（B）鸭大腿肉（C）鸭胸脯（D）鸭翅

7. 鸭肉可以烹制到不同的生熟程度。按照西方美食家的喜好，鸭腿应该烹制到（　　）食用。

（A）全熟（B）三四分熟（C）五分熟（D）七八分熟

二、连线题:

1. 请将下列不同的禽体部位与其肉质特征相对应

A. 颈部	老嫩适中，无筋
B. 背部	皮韧，肉少而细嫩
C. 翅膀	肉厚，筋多，质老
D. 胸脯	肉多，肉质细嫩、香鲜
E. 腿部	皮多肉少，质地鲜嫩

2. 整鸡取胸肉的加工步骤是:

步骤一	1. 去头、翅尖、翅中、鸡爪。
步骤二	2. 洗净。
步骤三	3. 切开鸡腹。
步骤四	4. 将翅根上的皮、肉去净。
步骤五	5. 将鸡翅根连鸡胸肉撕离鸡身。

三、思考题:

1. 为什么说鸡胸肉非常适合正在减肥或者健身的人士?

2. 为什么在正式西餐中，西方人一般都不吃带骨鸡翅?

3. 红肉与白肉分别指什么动物的肉? 为了健康的饮食应该少吃红肉而多吃白肉吗?

项目四

水产原料的处理

导学

水产类菜肴一般作为西餐的第三道菜，也称为副菜。品种包括各种淡海水鱼类、贝类及软体动物类。通常水产类菜肴与蛋类、面包类、酥盒菜肴品都称为副菜。

水产品有不少食用禁忌，这是餐饮从业者必须牢记的。

（1）不能与寒凉食物同食

水产品本性寒凉，最好在食用时避免与其他寒凉的食物共同食用，比如空心菜、黄瓜、西瓜、梨等蔬果。餐后不应该马上饮用冰镇饮品或食用冰淇淋。

（2）不能与啤酒同食

食用海鲜时饮用大量啤酒，会产生过多的尿酸。尿酸过多，会沉积在关节或软组织中，引起关节和软组织发炎，从而引发痛风。

（3）不能与某些水果同食

鱼虾含丰富的蛋白质和钙等营养物质，如果与某些水果如柿子、葡萄、石榴、山楂、青果等同吃，会降低蛋白质的营养价值。水果的某些化学成分容易与海鲜中的钙质结合，形成不容易消化的物质刺激胃肠道，引起腹痛、恶心、呕吐等症状。

（4）虾不能与维生素 C 同食

食用虾类等水生甲壳类动物的同时服用大量维生素 C，能够致人死亡。因为一种通常被认为对人体无害的砷类，在维生素 C 作用下，能够转化为有毒的砷。

模块一　鱼虾类原料的加工

学习目标

1. 熟知西式烹饪常用鱼虾类原料的选择方法。
2. 学会对鱼虾类原料进行去污、去刺、切分等整理工作。
3. 熟悉常用鱼虾类原料的个性化加工要求。
4. 能按新鲜度和品质挑选鱼虾类原料。

你了解吗

鱼在烹制前一定要洗净，去净鳞、鳃及内脏，无鳞鱼可用刀刮去表皮上的污腻，因为这些部位往往是污染成分的聚集地。

虾应清洗并挑去虾线等脏物后再烹制。这里要重点说明一下，西方人绝不会去烹煮或者食用活虾，在西式商铺里也无鲜活的鱼虾售卖。他们（包括厨师在内）非常讨厌看到杀生，更别说是自己杀了。

任务 1 三文鱼切片

一 原料描述

三文鱼（salmon）是西餐中最常见的鱼类之一，营养价值高。三文鱼往往切成片来吃。

新鲜的三文鱼具备一层完整无损、带有鲜银色的鱼鳞，透亮有光泽。鱼皮黑白分明，无瘀伤。眼睛清亮，瞳孔颜色很深而且闪亮。鱼鳃色泽鲜红，鳃部有红色黏液。鱼肉呈鲜艳的橙红色。用手指轻轻地按压，如鱼肉不紧实，压下去不能马上恢复原状的，就是不新鲜的表现。带皮三文鱼块原料如图 4-1-1 所示。

买回来的三文鱼切成块，用保鲜膜封好，再放入冰箱。如果是 -20℃速冻可以保存 1 ~ 2 个月；-10℃保存的时间较短，应尽快食用。

图 4-1-1 带皮三文鱼块原料

二 加工步骤

步骤一：冰镇

新鲜的三文鱼块原料，放置在冰箱的冷藏室 30 分钟，稍微“镇”一下，这样吃起来口感会更好。同时，也省去了冻制冰块的麻烦。

步骤二：去皮

将砧板和刀用医用酒精或白酒浇一下消毒。从冰箱取出三文鱼，放置砧板上，用刀将三文鱼鱼皮去除，鱼皮丢掉不要，如图 4-1-2（a）。

步骤三：拔刺

用手顺着去皮后的三文鱼竖断面轻轻抚摸，会感觉到有鱼刺的存留，用镊子或小剪刀，将鱼刺轻轻拔出，如图 4–1–2（b）。

步骤四：切片

将三文鱼顶刀，直刀逆纹路切片，厚度一般为 4 毫米，切到鱼腩部位鱼肉变薄处改斜刀切即可，如图 4–1–2（c）。

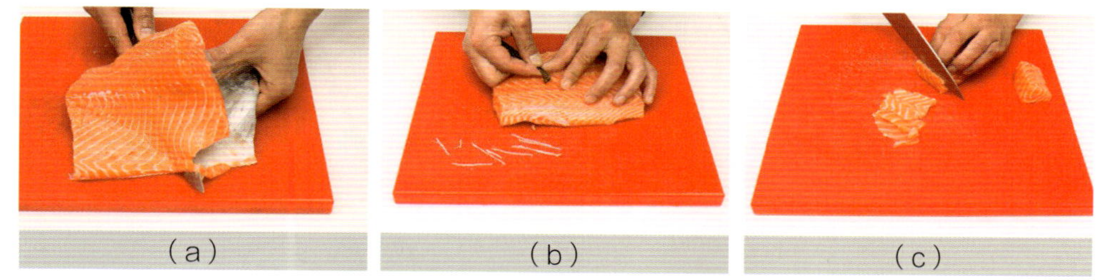

图 4-1-2　三文鱼块原料的去皮、拔刺、切片过程图

三 技能实训

按照操作步骤进行三文鱼切片的操作，并按照质量标准完成质量对比表（表 4–1–1），分析得失原因。

表 4-1-1　三文鱼切片的操作质量对比表

序号	成品质量要求	质量对比	原因分析	分值	得分
1	用刀将三文鱼鱼皮去除	□合适 □不够 □过度		30	
2	用镊子或小剪刀将三文鱼的鱼刺拔出	□完全 □不完全		30	
3	将三文鱼直刀逆纹路切成 4 毫米厚片	□符合要求 □不符合要求		40	
合计				100	

四 问与答

三文鱼去皮后拔鱼刺，鱼刺不容易看得见，怎么办？

解答：用手顺着去皮后的三文鱼竖断面轻轻抚摸，如果有鱼刺的存留能轻易地感觉到。

三文鱼鱼皮可以食用吗？

解答：可以食用，煎炸皆可，但需要进行预处理，即刮掉鱼鳞，洗净后切成条。

鲑鱼的特点

鲑鱼又称三文鱼，属溯河洄游鱼类，是一种在淡水中产卵而其他时间生活在海洋中的鱼类。在河水中生活的二至五年期间，鲑鱼苗经历一个演变过程，逐渐适应海水生活。这个过程一旦完成，鱼苗便离开河流游向大海。小鲑鱼经过二至四年进入完全成熟期，回游到其出生的河流中产卵。

野生鲑鱼色泽较红，白色脂肪较少，口感较为密实。养殖鲑鱼颜色较淡，脂肪层较厚，口感较为软滑。如今，捕获野生鲑鱼大多仅限于运动垂钓。

鲑鱼的销售形式包括新鲜或冷冻鱼片、鱼柳或整鱼。

鲑鱼柳可腌渍或熏制。新鲜鲑鱼可供生食，制作生鱼片和寿司，也可炖、炸、烤、炒或制作砂锅菜肴。熏鲑鱼可制作三明治夹芯、色拉、意大利面辅料或作各种搭配。

任务 2　鲈鱼出骨

一　原料描述

很多人认为鲈鱼（bass）是淡水鱼。其实，除了淡水鲈鱼，也有海水鲈鱼，当然它们在外观、口味、营养价值上都有比较明显的区别。

海水鲈鱼相较淡水鲈鱼最大的外观区别在于它身上有很多黑色的圆点。淡水鲈鱼不仅鲜美而且口感细嫩，肉的结构呈“蒜瓣”状，适合清蒸。海水鲈鱼的口感相对较“柴”，腥味较重。图 4-1-3 是淡水鲈鱼的原料图。

图 4-1-3　鲈鱼原料

二　加工步骤

步骤一：整理

鲈鱼去鳞，去鳃，去肚，洗净，如图 4-1-4（a）

步骤二：切割

鱼横放于菜板上，用刀沿鳃口处垂直切至龙骨，但不切断龙骨。将刀身转至水平方向，刀尖朝鱼尾，沿龙骨方向从头片向尾部，刀至鱼尾处停，如图 4-1-4（b）。

步骤三：剔肉

左手翻开鱼肉，刀尖慢慢沿骨刺将鱼肉剔下（刀尖先上后下）。同样方法剔下另一边的鱼肉，如图 4-1-4（c）。

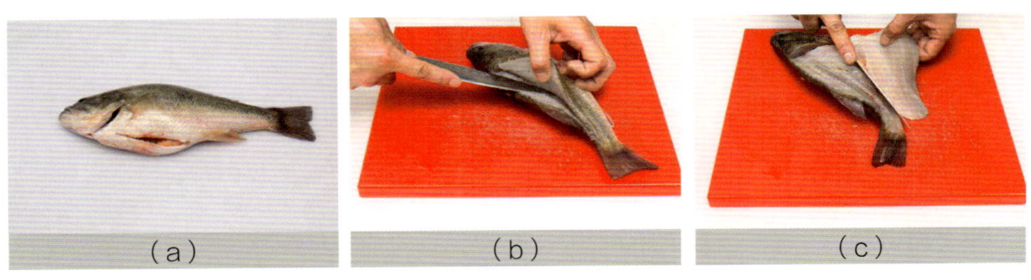

图 4-1-4 鲈鱼出骨过程图

三 技能实训

按照操作步骤进行海鲈鱼出骨的操作，并按照质量标准完成质量对比表（表4-1-2），分析得失原因。

表 4-1-2 海鲈鱼出骨的操作质量对比表

序号	成品质量要求	质量对比	原因分析	分值	得分
1	海鲈鱼去鳞，去鳃，去肚，洗净	□符合要求 □不符合要求		30	
2	用刀沿鳃口处垂直切至龙骨；沿龙骨方向从头片至尾部	□正确 □不正确		30	
3	刀尖沿骨刺将鱼肉剔下，要求剔下的鱼柳完整不带刺、鱼骨上基本不粘肉、鱼皮完整不破	□符合要求 □不符合要求		40	
合计				100	

四 问与答

海水鲈鱼和淡水鲈鱼在口感上有无区别？哪个更好吃？

解答：当然是有区别的。海水鲈鱼的肉质比较“柴”，腥味较重。而淡水鲈鱼的肉则像“蒜瓣肉”，蒸好后比较容易散开，肉质有弹性，腥味不重，更加鲜香。从口感的角度来看，的确是淡水鲈鱼比海水鲈鱼更好吃。

海水鲈鱼出骨时为何要让刀身贴住龙骨运刀？

解答：这样才能最大程度地保证鱼柳的完整，及不让鱼骨粘肉。

任务3 鱿鱼切圈

一 原料描述

鱿鱼（squid）拥有丰富的营养价值，其蛋白质、钙、牛磺酸、磷、维生素 B_1 等多种营养成分是人类所需要的。炸鱿鱼圈是西餐海鲜类的一款小零食，做法简单，方便，味道鲜美可口，世界各地的美食家大都不会放过这道百尝不厌的美味。鱿鱼原料如图 4–1–5 所示。

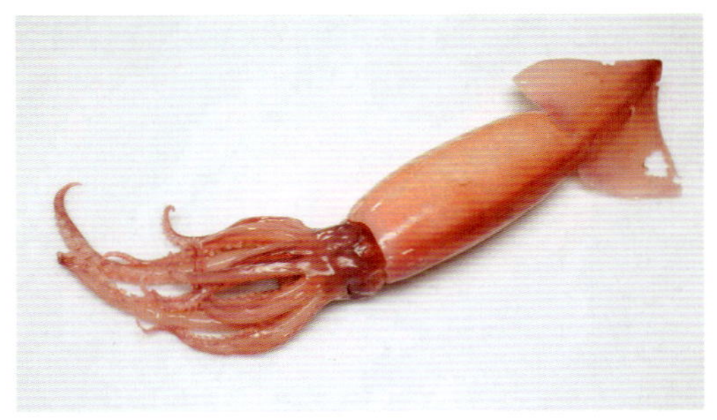

图 4-1-5 鱿鱼原料

二 加工步骤

步骤一：浸泡

先在水里放些白醋，然后把鲜鱿鱼在水中泡 10 分钟，之后取出。

步骤二：整理

攥住鲜鱿鱼的须脚，将内脏用力拉出（鱿鱼的内腔内壁上还有 1 条透明的软骨，需要一并取出），再用手撕掉表面的薄膜外皮，并用流动水冲洗干净，如图 4–1–6（a）

步骤三：切割

鱿鱼爪和鱿鱼头部分去掉另作处理，剩下的鱿鱼身子平放在菜板上，用刀横切成段，因为鱿鱼本身就是锥形的，所以顺着鱿鱼身子的开口切，将鱿鱼切成 1 厘米宽的鱿鱼圈，直至末端，如图 4–1–6（b）。

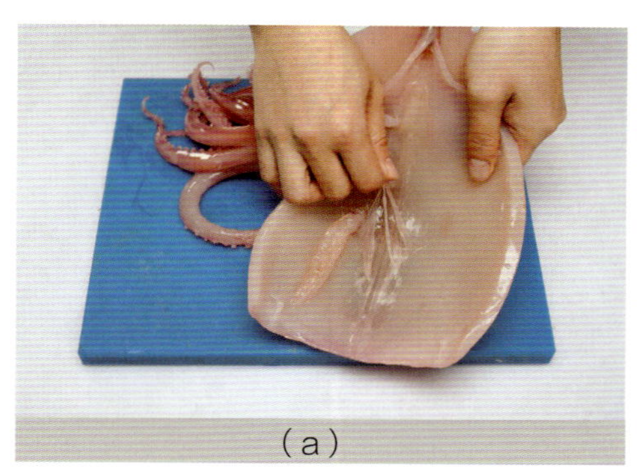
（a）

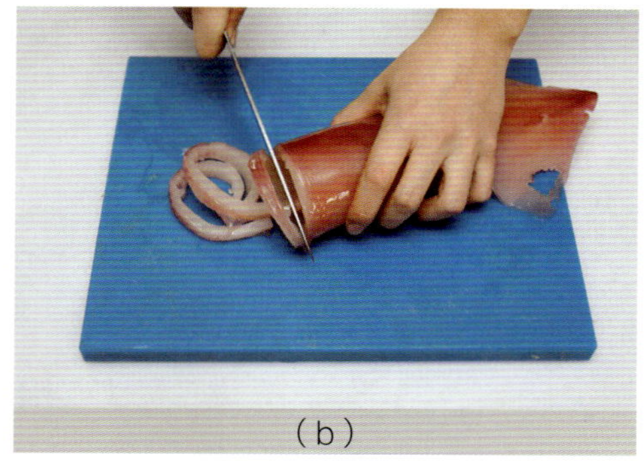
（b）

图 4-1-6　鱿鱼整理、切圈的过程图

三 技能实训

按照操作步骤进行鱿鱼切圈的操作，并按照质量标准完成质量对比表（表 4-1-3），分析得失原因。

表 4-1-3　鱿鱼切圈的操作质量对比表

序号	成品质量要求	质量对比	原因分析	分值	得分
1	鲜鱿鱼在加白醋的水中泡 10 分钟	□符合要求 □不符合要求		30	
2	鱿鱼去内脏、去表皮	□合适 □不够 □过度		40	
3	将鱿鱼切成 1 厘米宽的鱿鱼圈	□正确 □不正确		30	
合计				100	

四 问与答

为什么要把鲜鱿鱼在加白醋的水中浸泡？

解答：那是为了方便撕下鱿鱼皮。鱿鱼的表皮和肌肉之间有一层结缔组织，把鱿鱼放进醋水里，结缔组织的胶原蛋白会和醋发生反应，变成动物胶，于是结缔组织的连接功能就被破坏了，鱿鱼皮就很容易被撕下来。

鱿鱼可做成生鱼片食用吗？

解答：不可以。鱿鱼必须煮熟透后再食，皆因鲜鱿鱼中有一种多肽成分，若未煮熟透就食用，会导致肠运动失调。

鱿 鱼

鱿鱼属软体动物类，体圆锥形，体色苍白，有淡褐色斑，头大，前方生有触足10条，尾端的肉鳍呈三角形，常成群游弋于深约20米的海洋中。目前市场看到的鱿鱼有两种：一种躯干部较肥大，名叫"枪乌贼"；另一种躯干部细长，名叫"柔鱼"，小的柔鱼俗名叫"小管仔"。

鱿鱼头部两侧具有一对发达的鳃围绕口周围。常活动于浅海中上层，垂直移动范围达百余米。以磷虾、沙丁鱼、银汉鱼、小公鱼等为食，本身又为凶猛鱼类的猎食对象。

鱿鱼除了富含蛋白质及人体所需的氨基酸外，还是一种含有大量牛磺酸的低热量食品。可抑制血中的胆固醇含量，缓解疲劳，恢复视力，改善肝脏功能。其含的多肽和硒等微量元素有抗病毒、抗射线作用。

无可挽救的纽芬兰渔场

纽芬兰渔场位于加拿大境内，大西洋上的纽芬兰岛附近海域，是世界著名渔场之一。

纽芬兰渔场的形成得益于两股洋流在这片海域附近交汇。其中拉布拉多寒流向南流动，墨西哥暖流向北流动，两股洋流的交汇对渔场的形成有两点影响：

其一，使海水发生扰动，将海底营养盐类带到海洋表层，导致浮游生物繁盛，以浮游生物为生的鱼类富集于此。

其二，寒暖流交汇可产生“水障”，阻止鱼群游动，有利于纽芬兰渔场的形成。

同时，在此入海的圣劳伦斯河带来丰富的营养盐类。

纽芬兰渔场的主要海产是鳕鱼。鳕鱼是如此之多，人们怎么也想不到有一天它会被捞捕殆尽并导致渔场关闭。

纽芬兰海域传统的捕鱼方式是由较大的渔船运载数艘小渔船，到离岸较远的海域卸下小船。每艘小船上有两到三名渔民。他们分头在附近撒网捕鱼。小船满载后便驶向大船，卸下舱中的收获，然后继续撒网。一艘小船每天往返两三次。晚饭后渔民们还要在大船上将当日捕到的鲜鱼腌渍起来保存。

渔民每年都会在鱼类繁殖的季节休息。这种传统的捕鱼方式虽然捕捞量较大，但因为避开了鳕鱼群的产卵繁殖季节，从而保证了鱼群不断繁衍和生态的平衡。

但到了20世纪五六十年代，大型机械化拖网渔船成群结队地驶入纽芬兰湾，使渔场遭遇灭顶之灾。拖网船庞大的捕鱼网兜掠过海底，所到之处鱼鳖虾蟹都在劫难逃。这一次，人们不需要把“战果”运回到岸上处理，宽大的渔轮上配备了现代化的冷冻技术，一条龙式的作业方式能把捕捞上来的鲜鱼速冻保鲜。

这些渔轮夜以继日地作业，不管晴天雨天，也不顾鱼类是否处于繁殖季节。据统计，这种大规模作业的渔轮一个小时便可捕捞200吨鱼，是16世纪一条传统渔船整个渔季捕捞量的两倍。

鉴于渔场的生产量急速下降，1977 年加政府以保护渔业资源为由，宣布了 200 海里领海权，把来自欧洲和美国的渔船排除到了大部分纽芬兰渔场之外。

但是鳕鱼带来的财富实在太诱人，加拿大政府把欧洲和美国的渔船排除后，却开始不遗余力地支持本国的渔业公司。这些受到政府支持的工业集团采用现代化的破冰船和高科技电子、声纳技术，让残存的鳕鱼无处可逃，并且将这一海域的生态环境破坏殆尽。到 20 世纪 90 年代，鳕鱼数量下降到 20 年前的 2%，达到历史最低点。

1992 年，加拿大政府被迫下达纽芬兰渔场的禁渔令，使经营了近 500 年的纽芬兰第一大产业——捕鱼业顷刻破产，近 4 万渔民失业，失去谋生手段的纽芬兰人被迫远走他乡。这还间接造成岛上许多村镇的荒弃和不少家庭的破裂。加拿大政府不得不以每年 4 亿加元的补偿计划，来解决纽芬兰失业渔民的生活和再就业问题。

至今，纽芬兰水域还是一片死寂，昔日取之不尽的鳕鱼，如今踪影难觅。

由于生态环境被破坏，鳕鱼基因已经变异，它们的生长和繁殖方式都发生了根本变化。这就意味着无论花多少钱，都不可能再有“踩着鳕鱼群的脊背就可以走上岸”的日子了。无奈之下，加拿大渔业部只得宣布：彻底关闭纽芬兰及圣劳伦斯湾沿海渔场。

任务 4　大虾去虾线

一　原料描述

大虾（prawn）属节肢动物甲壳类，种类很多，包括青虾、河虾、草虾、小龙虾、对虾（南美白对虾，南美蓝对虾）、明虾、基围虾、琵琶虾、龙虾等。

大虾的西餐做法有好多种，一般偏向于甜香味，可以加芝士和迷迭香、蒜蓉等佐料，也可以入烘箱烘烤。大虾原料如图 4-1-7 所示。

图 4-1-7　大虾原料

二　加工步骤

步骤一：清洗

大虾冲洗后，用一个大盆盛满清水，用手抓住大虾的尾部，用刷子把大虾的腹部和头部刷干净。

步骤二：整理

剪去大虾头部的虾枪、虾须，如图 4-1-8（a）。

步骤三：扯线

用牙签穿入虾除去头的第二节处，扯出虾线的一半，再轻轻扯出另一半（有时两半会一起出来的），如图 4-1-8（b）。

步骤四：冲洗

将牙签穿在虾头上的硬壳处，用水冲洗去杂质。

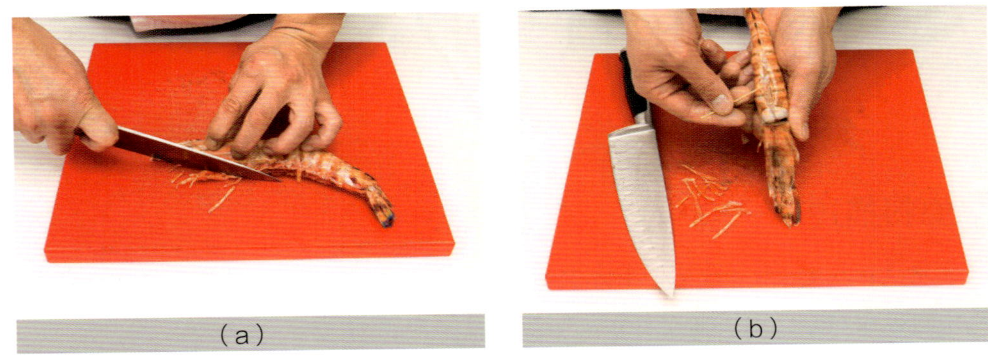

图 4-1-8　大虾去虾线的过程图

三 技能实训

按照操作步骤进行大虾去虾线的操作，并按照质量标准完成质量对比表（表4-1-4），分析得失原因。

表 4-1-4　大虾去虾线的操作质量对比表

序号	成品质量要求	质量对比	原因分析	分值	得分
1	用刷子把大虾的腹部和头部刷干净	□符合要求 □不符合要求		20	
2	剪去大虾头部的虾枪、虾须	□合适 □不够 □过度		30	
3	扯除虾线并冲洗干净	□正确 □不正确		50	
合计				100	

四 问与答

什么叫虾线？为何要去除？

解答：虾线是虾的消化道，在虾的背部。有的很黑，有的颜色很淡，几乎看不出来，和其中的脏东西有关系。去虾线，既因为虾的消化道里有脏东西，这和我们去鱼鳃、蟹鳃的道理是一样的，还因为虾线影响口感，虾线中含有苦味的物质，在热量作用下会掩盖鲜虾清甜的味道。

是否每扯出一只虾的虾线就要更换一根牙签？

解答：不用的。工作前备一张面巾纸，把牙签上或者手上的虾线往面纸上一擦，便可继续工作。

模块二　蟹贝类原料的加工

学习目标

1. 熟知西式烹饪常用蟹贝类原料的选择方法。
2. 学会对蟹贝类原料进行刷洗、去污、拆肉等整理工作。
3. 熟悉常用蟹贝类原料的个性化加工要求。
4. 能按新鲜度和品质挑选蟹贝类原料。

绝大多数种类的螃蟹生活在海里或靠近海洋，当然也有一些螃蟹栖于淡水或住在陆地。螃蟹含有丰富的蛋白质、较少的脂肪和碳水化合物。蟹黄中的胆固醇含量较高。西方人只吃净蟹肉，所以烹饪师必须自己拆蟹后用蟹肉来烹制菜肴，比如蟹肉牛油果等。

贝类营养价值较高且味道鲜美。其肌肉细嫩，各微量元素之间的比例恰当，蛋白质含量高，脂肪含量少，容易被人体消化吸收。贝类含有丰富的钙等微量元素，如碘、锌、硒、铜、铁，尤其是海蛎肉，是所有贝类中含锌量最高的食物。

任务1　面包蟹拆肉

一　原料描述

面包蟹（brown crab）学名普通黄道蟹，俗名褐蟹或食用蟹，也有人称为黄金蟹。市场常见的面包蟹主要产地为苏格兰和爱尔兰，体型较大，膏脂丰腴，肉质丰满，是非常好的烹调食材，如图 4-2-1 所示。由于单个个体较大，所以很适合切块烹调，也可以切块后将蟹块放回蟹壳中烹制。

图 4-2-1　面包蟹原料

二　加工步骤

步骤一：蒸熟和冷冻

蟹洗净，脐朝上蒸熟，立即放入冰箱的冷冻室，冷冻 10 分钟。

步骤二：整理

去掉蟹壳、肚脐和腮等，把蟹脚掰掉，注意把连着蟹壳的关节留下。把蟹从腹背对剖，一分为二，让蟹肉显现出来，如图 4-2-2（a）。

步骤三：取肉

用小刀的刀尖在蟹身和腿关节的部分旋转一周，切断关节和蟹壳连接的软组织。手指捏住蟹腿关节部分，轻轻往外一拉，将蟹腔内的肉全部拉出来。如有剩余，则用叉子掏出残余的蟹肉，如图 4-2-2（b）。蟹钳则用片刀的刀背轻轻拍碎蟹壳后，就能去壳取肉。

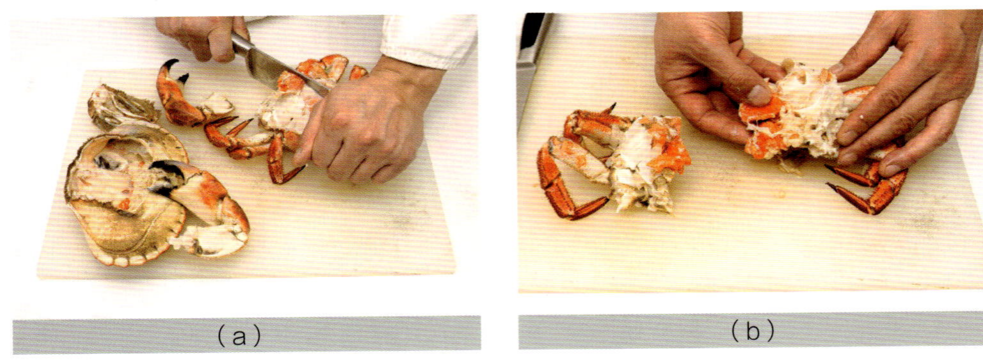
(a)　(b)

图 4-2-2　面包蟹拆肉过程图

三 技能实训

按照操作步骤进行面包蟹拆肉的操作，并按照质量标准完成质量对比表（表 4-2-1），分析得失原因。

表 4-2-1　面包蟹拆肉的操作质量对比表

序号	成品质量要求	质量对比	原因分析	分值	得分
1	蟹洗净，脐朝上蒸熟后放入冰箱冷冻	□符合要求 □不符合要求		30	
2	去掉蟹壳、脐和腮等，掰掉蟹脚后把蟹从腹背对剖	□正确 □不正确		30	
3	将蟹腔和蟹钳内的肉全部取出	□取尽 □未取尽		40	
合计				100	

四 问与答

蟹蒸熟后为何要放入冰箱的冷冻室冷冻10分钟？

解答：依据热胀冷缩的原理，经过快速冷冻后的蟹肉紧实易脱壳。

为何在取蟹肉前，把蟹脚掰掉时，却要把蟹脚连着蟹壳的关节留下？

解答：因为蟹肉的腔体为横向，每条腿连着一个腔。保留关节是为了便于将蟹腔内的肉拉出来。

欧美人不吃螃蟹吗

中国曾有“欧美人不吃螃蟹”的传言，并引用《圣经》称西方人认为“所有用腹部或四足行走的爬物都是可憎而污秽的”，这显然是不正确的。已有资料表明，在遥远时代，地中海沿岸的古希腊和古罗马人对螃蟹就有记载。罗马人统治了大不列颠岛以后开始食用螃蟹。到了中世纪和文艺复兴时期，市集上能买到的海鲜品种已经非常繁多，吃蟹肉成为沿海人的风尚。

说“欧美人不吃螃蟹”的传言在充足的证据面前不攻自破。西方人不仅吃螃蟹，而且吃螃蟹的传统由来已久，只不过他们吃蟹的方式和中国人有所不同。1660年，英国厨师罗伯特•梅（Robert May）在《厨艺精修：或烹饪的技巧与秘诀》（The Accomplish Cook：Or the Art and Mystery of Cooking）一书中详细记录了蟹肉饼的早期做法：“首先，将蟹肉从蟹腿和蟹壳中取出，在沸水中焯熟。然后，将蟹肉连同碎面包、杏仁酱、肉蔻、盐、蛋黄、面粉、清牛油放在一起搅拌均匀备用。其次，将酒醋和黄油（或橙汁和肉蔻屑）同少许蟹肉混合制成酱汁，稍微加热后放到一个干净的盘子里备用。再次，将稍早搅拌好的面糊以一次一勺的规格放入热油煎炸。最后，将炸熟的蟹肉饼放到盛有酱汁的盘子中，配上削好的橙子，四周撒上煎过的香菜。”

任务2 扇贝清洗

一 原料描述

活养扇贝（scallop）的选购首先应选择外壳颜色比较一致且有光泽、大小均匀的，不能选太小的，否则因肉少而食用价值不大；其次要看其壳是否张开，活扇贝受外力影响会闭合，而张开后不能合上的为死扇贝，不能选用。活养扇贝原料如图4–2–3所示。

扇贝有两个壳，大小几乎相等，壳面一般为紫褐色、浅褐色、黄褐色、红褐色、杏黄色、灰白色等。贝壳内面为白色，壳内的肌肉为可食部位。闭壳肌肉色洁白、细嫩、味道鲜美，营养丰富。闭壳肌肉干制后即是“干贝”，被列入八珍之一。

图4–2–3 活养扇贝原料

二 加工步骤

步骤一：刷洗

从市场上买回来的新鲜扇贝，贝壳表面都会有海里的泥沙残留，需要用牙刷刷洗干净。

步骤二：取肉

刀子伸进去把扇贝撬开，留下有肉的半边，沿着壳壁用小刀把贝肉取下，如图4–2–4（a）。

步骤三：整理

贝壳打开，可以看到肉后部那块黑黑的是内脏，要去除。裙边下面那层像睫毛状黄色部分是腮，要去除（其实不讲究的话，裙边刷洗干净也可以吃），最后只留下中间那团圆形的肉以及月牙形的黄就可以了。

步骤四：浸泡

取一个大碗，里面放水，加点盐，把贝肉放进去泡两三分钟，然后顺时针轻轻搅拌贝肉，这样贝肉里的泥沙会沉入碗底，再用清水冲洗，贝肉就洗干净了，如图4-2-4（b）。

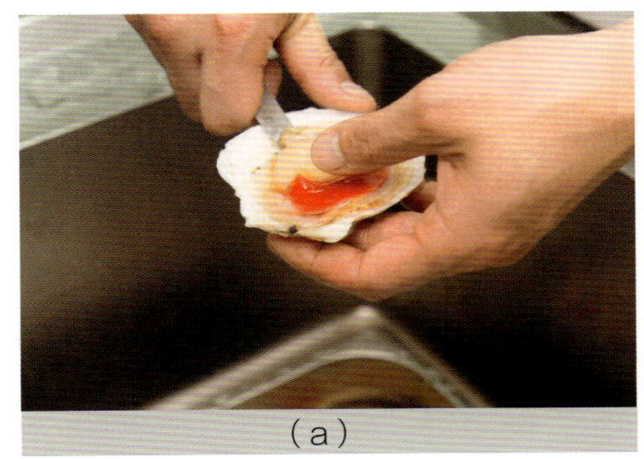
（a）

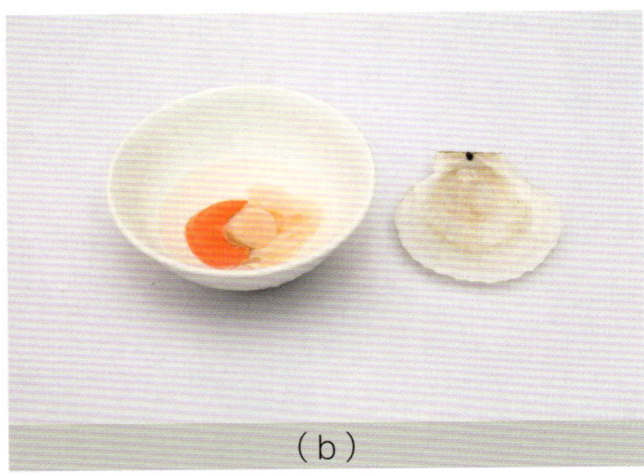
（b）

图 4-2-4　扇贝清洗过程图

三 技能实训

按照操作步骤进行扇贝清洗的操作，并按照质量标准完成质量对比表（表4-2-2），分析得失原因。

表 4-2-2　扇贝清洗的操作质量对比表

序号	成品质量要求	质量对比	原因分析	分值	得分
1	刷洗扇贝贝壳表面的泥沙	□符合要求 □不符合要求		30	
2	撬开扇贝，沿壳壁用小刀把贝肉取下	□正确 □不正确		30	
3	加盐浸泡贝肉并冲洗，务求去尽泥沙	□去尽 □未去尽		40	
合计				100	

四 问与答

生鲜扇贝有没有办法辨别其死活？

解答：有的。挑选扇贝时，如果扇贝壳是开着的，用手拍一下，扇贝壳自动合上的，就是活的，合不上的就是死的。

扇贝有没有公母之分？如何鉴别？

解答：有公母之分。掰开扇贝的贝壳可以鉴别，公扇贝内有乳白色、月牙形的膏，母扇贝内则是橘红色、月牙形的黄。

任务 3 蓝贻贝清洗

一 原料描述

蓝贻贝（blue mussel）就是我们平时所说的“青口”，也叫淡菜，是贻贝科动物的贝肉，雅号“东海夫人”，其蛋白质含量高达 59%。贻贝是双壳类软体动物，外壳呈青黑褐色，生活在海滨岩石上。贻贝是贝类养殖业的重要种类，世界许多地区都有养殖，特别是北欧、北美以及澳大利亚等地区养殖贻贝很盛行，生产数量也很大。贻贝的经济价值很高，也有一定的药食价值。蓝贻贝原料如图 4–2–5 所示。

图 4-2-5 蓝贻贝原料

二 加工步骤

步骤一：挑选

发现贻贝外壳破碎或者无法关闭，就直接扔掉。另外，特别轻和特别重的贻贝也要扔掉。

步骤二：刷洗

用手扯去贻贝的“胡须”，用比较硬的刷子刷洗贻贝外壳，那些比较坚硬的污垢可以用刀刮掉。总之，务求将其表面的泥沙和污垢除尽，如图 4–2–6（a）。

步骤三：浸泡

把处理好的贻贝放进一个大碗里面，注入清水，浸泡 1 ~ 2 小时，让贻贝吐出泥沙。中间需要换几次水，如图 4–2–6（b）。

（a）

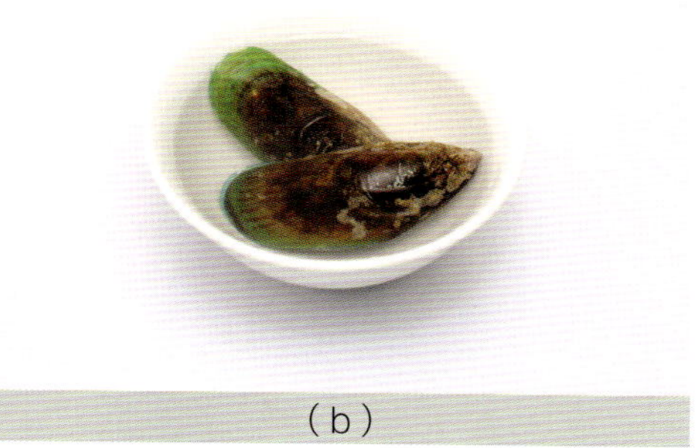
（b）

图 4-2-6　蓝贻贝清洗过程图

三 技能实训

按照操作步骤进行蓝贻贝清洗的操作，并按照质量标准完成质量对比表（表 4-2-3），分析得失原因。

表 4-2-3　蓝贻贝清洗的操作质量对比表

序号	成品质量要求	质量对比	原因分析	分值	得分
1	将外壳破碎或者无法关闭，以及太重和太轻的贻贝全部扔掉	□ 符合要求 □ 不符合要求		30	
2	去尽贻贝外壳上的泥沙和污垢	□ 去尽 □ 未去尽		40	
3	浸泡贻贝至其吐尽泥沙	□ 吐尽 □ 未吐尽		30	
合计				100	

四 问与答

贻贝的外壳为何要彻底处理干净？

解答：因为贻贝是带壳烹调的，如果外壳处理不干净，上面的泥沙会混到汤汁里，影响口感。

为什么要把特别轻和特别重的贻贝扔掉？

解答：因为特别轻的贻贝里面有可能是空的，而特别重的贻贝里面则可能灌满泥沙。

想一想　练一练

一、单项选择题：

1.（　　）不属于软体类水产。

（A）海参（B）金枪鱼（C）章鱼（D）海蜇

2. 海鲜不能与（　　）同食。

（A）啤酒（B）白兰地（C）雪莉酒（D）杜松子酒

3. 新鲜三文鱼的鱼肉呈（　　）。

（A）乳白色（B）青色（C）橙红色（D）嫩黄色

4. 三文鱼要想长时间保存，必须用保鲜膜封好，放入（　　）的冰箱。

（A）−20℃（B）−10℃（C）0℃（D）0 ~ 4℃

5. 淡水鲈鱼和海水鲈鱼相比，在口感上（　　）。

（A）肉质比较"柴"（B）腥味较重（C）肉质有弹性（D）基本无差别

6.（　　）不可做成生鱼片食用。

（A）三文鱼（B）金枪鱼（C）鱿鱼（D）鲈鱼

7. 虾线是虾的（　　）。

（A）须（B）背鳍（C）呼吸道（D）消化道

8. 面包蟹即褐蟹的主要产地是（　　）。

（A）美国（B）英国（C）中国（D）澳大利亚

二、连线题：

1. 请将下列水产品与其不能同食的其他食物相对应

A. 田螺　　　　牛奶

B. 生鱼片　　　石榴

C. 螃蟹　　　　果汁

D. 大虾　　　　芹菜

E. 蛤　　　　　蚕豆

2. 三文鱼切生鱼片的加工步骤是：

步骤一　　　　　　　用手拔除鱼刺。

步骤二　　　　　　　直刀逆纹路切片。

步骤三　　　　　　　斜刀切片。

步骤四　　　　　　　去皮。

步骤五　　　　　　　冰镇。

三、思考题：

1. 贻贝的外壳为何要彻底处理干净？为什么要把特别轻和特别重的贻贝扔掉？

2. 为什么原料加工前要把鲜鱿鱼先放在加白醋的水中浸泡？

3. 为什么世界四大渔场的纽芬兰渔场会彻底关闭？

附录一

西餐原料中英文名称对照表

中文名称	英文名称
芹菜	celery
土豆	potato
黄瓜	cucumber
花椰菜	broccoli
朝鲜蓟	artichoke
荷兰豆	snow pea
豌豆	pea
胡萝卜	carrot
辣根	horseradish
红菜头	beet root
菠菜	spinach
生菜	lettuce
卷心菜	cabbage
洋葱	onion
蒜	garlic
番茄	tomato
芫荽	coriander
牛肉	beef
牛前腰脊肉	steak ready strip loin
带骨肋排 / 肋排	rib chop / rib steak
肉眼牛排	rib eye
西冷牛排	strip loin
T 骨牛排	T-bone
牛柳 / 菲力	tender loin

（续 表）

板腱	flat iron
牛上后腿肉	beef inside round
干式熟成牛肉	dry-aged beef
湿式熟成牛肉	wet-aged beef
牛腹肋肉	flank steak
牛尾	oxtail
猪肉	pork
梅花肉	pork butt
里脊肉	pork tender loin
附软骨肋排	belly bone-in
猪后腿肉	pork hindquarter
羔羊	lamb
成羊	mutton
羊肩胛肉	mutton shoulder
鸡	chicken
鸡胸肉	chicken breast
鸡翅	chicken wing
鸭子	duck
三文鱼	salmon
海鲈鱼	sea bass
鱿鱼	squid
大虾	prawn
褐蟹	brown crab
扇贝	scallop
蓝贻贝	blue mussel

附录二

西式厨具表

名 称	用 途
砧板 Chopping board	砧板是刀具不可缺少的伙伴，有硬橡胶砧板、塑料砧板和木砧板三种。无论哪一种砧板，都会有细菌滋生，所以一定要保持砧板的清洁。
汤勺 Ladle	汤勺一般用于液体的搅拌、测量和分份。
撇渣勺 Scummer	撇渣勺为长柄小漏勺，主要用于撇取汤中的浮末和残渣。
肉叉 Beef slicer	可用于拿取肉类食物。
蛋抽 Whisk	由钢丝制成，在西餐中可用于抽打鸡蛋、奶油及制作沙司等。
擦菜板 Grater	擦菜板利用食物与菜板互相摩擦，使食物成丝状、条状及末状。可用于切割蔬菜、奶酪等。
过滤器 Cap strainer	是一种碗状的容器。容量比较大，在四周和底部都有孔，用于色拉、意大利面条等食物的过滤。
笊篱 Strainer	是用金属丝制成的密网，用于汤、调味汁的过滤。
肉槌 Meat pounder	用木料制成，用于拍打肉类原料，可使其质地松软，便于烹调。
量杯 Glassful	具有各种大小类型，并在杯壁上标明容量。
量勺 Measuring spoon	属于量器，方便用于测量调味料，如盐、糖、酒等。
土豆压泥器 Potato clamp	有旋转式和挤压式两种，由不锈钢制成，主要用于将煮熟的土豆制成蓉状。

上海市中等职业教育"双证融通"专业改革教材
西餐烹饪原料加工
Processing with Ingredients for Western Cuisine

上海市中等职业教育"双证融通"专业改革教材
西餐色拉制作
Western Salad Making
上海科技教育出版社

上海市中等职业教育"双证融通"专业改革教材
西餐主菜制作
Western Entrees Making
上海科技教育出版社